东方建筑遗产

保国寺古建筑博物馆

·2016~2017年卷·

文物出版社

图书在版编目（CIP）数据

东方建筑遗产·2016～2017年卷/宁波市保国寺古建
筑博物馆编.－北京：文物出版社，2018.5
　ISBN 978-7-5010-4679-9

Ⅰ.①东… Ⅱ.①宁… Ⅲ.①建筑－文化遗产－保护－
东方国家－文集 Ⅳ.①TU-87

中国版本图书馆CIP数据核字（2018）第036958号

东方建筑遗产·2016～2017年卷

编　　著：宁波市保国寺古建筑博物馆

责任编辑：智　朴
责任印制：梁秋卉

出版发行：文物出版社出版发行
社　　址：北京市东直门内北小街2号楼
邮　　编：100007
网　　址：http://www.wenwu.com
邮　　箱：E-mail:web@wenwu.com
经　　销：新华书店
制　　版：北京文博利奥印刷有限公司
印　　刷：文物出版社印刷厂
开　　本：787mm×1092mm　1／16
印　　张：12.25
版　　次：2018年5月第1版
印　　次：2018年5月第1次印刷
书　　号：ISBN 978-7-5010-4679-9
定　　价：120.00元

"木构建筑文化遗产保护与利用国际研讨会"
专　辑

　　2016年12月3～4日，由中国建筑学会建筑史学分会、上海交通大学、宁波市文化广电新闻出版局主办，宁波市保国寺古建筑博物馆承办的"木构建筑文化遗产保护与利用国际研讨会"召开。与会专家学者们围绕"木构建筑遗产的保护技术""木构建筑遗产的活态利用""江南古代建筑文化的对外交流与影响"等主题，既有对已实施木构建筑遗产保护工程的反思，也有对大木作等营造技艺非遗的传承；既交流了不同地域木构遗产的实践经验，又探讨了中外木构建筑结构体系研究成果。本书特收录了此次研讨会的部分优秀论文以作为成果予以集辑出版。

　　特此说明。

《东方建筑遗产》

主　　管：宁波市文化广电新闻出版局

主　　办：宁波市保国寺古建筑博物馆

学术后援：清华大学建筑学院

学术顾问：郭黛姮　王贵祥　张十庆　杨新平

编辑委员会

主　　任：韩小寅

副 主 任：王玉琦

策　　划：徐学敏　徐微明

主　　编：符映红

编　　委：(按姓氏笔画排列)

陈　吉　翁依众　曾　楠

◆目　录◆

肆 【保国寺研究】

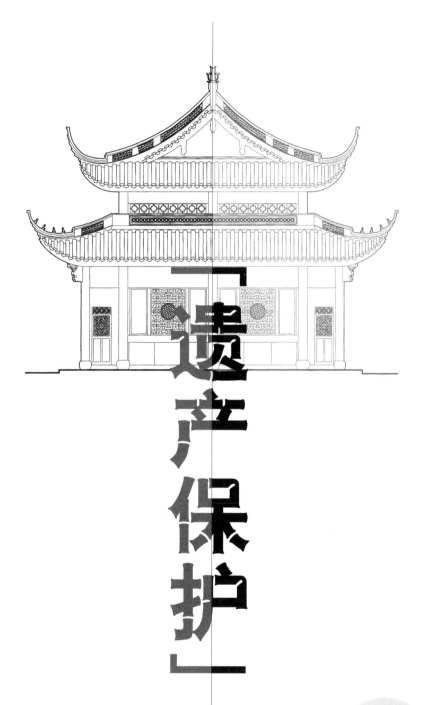

「遗产保护」

壹

【一个问题三个解决方案：中国、欧洲和北美在跨河桥梁结构上的观念差异】

One Problem, Three Solutions: Conceptual Differences to Crossing A River in China, Europe, and North America

[美] 泰瑞·米勒　美国肯特州立大学

Terry E. Miller　Kent State University, USA

摘　要：世界各地的人们都面临着类似的问题。其中一个问题就是如何从一个地方去到另一个地方，这个过程通常都需要过河。石头比较容易获得，但造石桥难度大、价格高且耗时长。木材更容易获得，但段木不足以支持道路、人流和车辆。建造者通过特定结构组装木梁以建造更长更坚实的桥梁，横渡更长的距离。中国、德国和美国的建造者都用带有顶板和壁板的木梁获得了高效的解决方案：廊桥。但他们的方案存在着根本性的不同。中国的建造者在桥面下方使用了多边形拱门或悬臂梁；德国建造者在桥面上方设置了不同但同样复杂的多边形拱门。美国建造者基于三角和弧形拱门发展出了桁架，大多建于桥面之上，但有时也在桥面之下。大量桁架设计被提出，获得专利并使用，有的使用范围广，有的使用范围窄。本文将仔细探讨三种解决方案，以便得出清晰的概念对比。

关键词：桥梁　结构　观念　差异

3

From the beginning of time, humans across the globe have faced the same problem: how to cross rivers safely and efficiently. Rivers can be dangerous and changeable, offering strong currents, fragile or broken ice, and the possibility of drowning or losing one' s goods. The obvious solution was to construct a bridge over the water, offering safety and convenience throughout the year. Looking around, only two materials offered both strength and durability for humans, animals, and goods-laden wagons: stone and wood. Both were readily available in the three areas under discussion-China, Europe, and North America-and while both were used, stone required far more labor and time than wood. I will explore the wooden option here. Please accept my remarks with the understanding that I am speaking not as an architect, building historian, or civil engineer, but as a non-professional who has observed American covered timber bridges since childhood, Chinese bridges since 2005, and European bridges since 2014. I have written this over-arching comparative study based on having visited around 1100 bridges in North America, 80 in China, and well over 200 in Europe.

China

Since we are in China, and many here are familiar with *Zhongguo langqiao* (covered wooden bridges), let me begin here. All three traditions have made use of similar principles: 1) the beam, 2) the arch, and 3) the triangle. In the case of Chinese bridges known to me, three designs predominate: 1) a straight beam with or without angle braces, 2) cantilevered beams, and 3) the arch, especially the segmented or polygonal arch. The latter, often built as two overlapping but differently angled polygonal arches, are sometimes called "woven arches". These are capable of spanning 30 - 40 meters without extraordinary effort. Beam and cantilevered bridges are restricted to spanning shorter distances.

Thus, the Chinese solution was to build the supporting structure under the load-carrying deck. In the case of single spans using woven arches, the deck usually follows the contour of the arches, while in multi-span bridges the deck is flat. Since Chinese bridges were built to

carry humans more than carts pulled by animals, many bridges are approached by steps, virtually eliminating vehicular traffic. Though many were built in populated areas, a great many others were built on rural and mountain trails traversed by humans only carrying what they could on their shoulders. In this sense, China's transportation history is quite different from those of Europe and North America.

Europe: Switzerland, Germany, Austria

The European tradition is both completely independent of China and conceptually different. Covered wooden bridges go back at least to the 16th century but are found mainly in the Germanic-speaking areas of Germany, Switzerland, and Austria, with a few scattered in France, extreme northern Italy, Slovakia, and the Czech Republic. One bridge near Berne, Switzerland, dates back to 1555, another in Fribourg/Freiburg dates to 1653, and certain spans of the Bad-Sackingem bridge date to the later 17th century. Switzerland has over 200 covered bridges, however, and they can be roughly grouped into 4 periods: 1) the European types, built as late as the first half of the 19th cent, 2) American influenced bridges built starting in the 1850s, 3) "engineered trusses built primarily in the 1930s and 1940s often by the Swiss Army, and 4) modern bridges built of glulam using both traditional and modern designs, most built since 1980. Similar patterns prevail in Germany and Austria.

Thus far no one has written a comprehensive history of European wooden bridges, and thus anything I say in general about them remains preliminary. Based on my observations, however, most of the oldest layer of bridges fall into two patterns. The bridges are primarily relatively short spans using what Americans denote as kingpost or queenpost type trusses and which some Europeans describe as polygonal arches. Although they are not directly connected as far as we know, Italian architect Andrea Palladio (1508-1580) proposed such designs in his *I Quattro libri dell' architecttura* [The Four Books of Architecture] first published in 1570 and known to the English-speaking world through a London translation in 1738. Of his four designs, all simple patterns based on either kingpost or queenpost, only one was known to have been built, and none was longer than 15 to 18 meters.

Thus the European concept was a bridge supported by triangle-based trusses above the deck on each side, what is called a "through truss." The timbers used were often of immense size and weight, even in short spans, but European bridges not only carried humans but also their horses and carriages, not to mention immense commercial wagons loaded with stone, iron, manufactured goods, and agricultural products drawn by large teams of horses or oxen. Based on preliminary observations, I see these bridge trusses closely resembling the roof trusses constructed over large churches and castle interiors, often by the same builders. Indeed, the most famous builders in Switzerland, members of the Grubenmann family, were famous in the later 18th century for both roof trusses and bridges, and the Grubenmann Museum in Teufen, Switzerland, displays models of both. Rather few bridges used curved arches, one span of Lucern, Switzerland's Spreuerbruecke being the most prominent.

Of the two trusses, the queenpost is more common. But we must view the queenpost as a principle more than as a specific design. While the truss is exceptionally strong and capable of supporting great loads using massive timbers, spans exceeding around 35 meters require far more than the simple three-panel foundational design. European builders operated on the principle "if one is good, two or more are better." For longer spans they embedded a shorter queenpost beneath the main one. In even longer spans—or for greater strength—they could embed more than two, creating what I am calling "nesting queenposts".

The Reussbruecke Sins in Switzerland, a massive two-span structure of 79 meters built in 1807 and 1847, exhibits the remarkable complexity attained by European builders. Though each span is virtually equal, at 31 meters, the northern span is supported by a mostly curved arch combination while the southern span has four nesting queenposts.

Hans Ulrich Grubenmann's most famous bridge spanned the Rhine River at Schaffhausen, Switzerland. It was built between 1756 and 1758 in two spans measuring 59 and 52 meters respectively, both strikingly longer than the norms in Europe. In fact, Grubenmann had proposed building a single span of 111 meters, but the city leaders rejected that daring proposal. Even for the two shortened spans, the design is incredibly complex and heavy with timber. Nonetheless, it was admired by builders and travelers from all over Europe until its demise at the hands of Napoleon's troops in 1799.

Thus, the European tradition used massively built trusses primarily based on the queenpost form but aided by struts. In most cases, spans were limited to around 35 or 40 meters. Such bridges required massive timbers harvested from Europe's virgin forests. Though the writings of Palladio and descriptions of the Schaffhausen bridge were known to a few well-read American builders, there appears to be little direct influence from these precedents on American designs.

United States

The colonists who populated early New England in the late 18th century found themselves in a land of great rivers. While these provided water and power for cities and mills and transportation for goods and people, they also obstructed travel. Ferries were unreliable and could not run when there was ice, flooding, or ice floes in the spring. There were no bridge building traditions to draw upon, and few Americans had come from areas in Europe with timber bridges. American builders had to find solutions for spanning gigantic rivers quickly. In Europe the longest bridges over the Rhine were around 180 to 200 meters, but in New England rivers that were 600 meters to 1000 meters were common. In Pennsylvania the Susquehanna was nearly 2000 meters wide in spots. In order for the young United States to advance, builders had to figure out how to cross these rivers with bridges that did not require years to construct. Thus, the earliest bridges, from the early 1790s to around 1820, were also among the most challenging bridges ever built in the US.

The most innovative solutions can be attributed to 3 men: Timothy Palmer, Theodore

6

Burr, and Lewis Wernwag. Palmer, the earliest of the three, designed timber trusses that combined triangles and the arch. His designs used a slightly bowed truss of consisting of panels having both posts in tension and braces in compression, what we call "Multiple Kingpost," with an arch constructed beneath the trusses, something that resembles the Chinese solution. One of the spans of his 1793 Newbury Bridge over the Merrimack River was 48 meters. Palmer's "Permanent Bridge" over the Schuylkill, built in 1804 and covered in 1805, making it the first "covered bridge" in the United States, had a center span of 60 meters.

Palmer's designs did not become the basis for all later designs, but the construction of spans of around 60 meters and well beyond became normal during the early years of the 19th century. Theodore Burr actually constructed a timber framed bridge over the Susquehanna River at McCall's Ferry in Pennsylvania that was 110 meters in a single span in 1814, but there are no paintings showing us the design of this wooden wonder that lasted only 3 years before ice destroyed it. Similarly astounding was Lewis Wernwag's "Colossus" spanning the Schuylkill in Philadelphia in a single span of 100 meters, a bridge that is well documented and survived for many years.

American builders quickly evolved truss designs that could not just span unprecedented distances, but did so using timber efficiently. Through a multitude of designs, most entirely of wood but some combining iron rods used in tension, builders could erect bridges using pre-cut truss members on platforms—called falsework—for both highway and rail use. Most were covered to protect their trusses from the elements, but many rail bridges were left open because the roof would trap live embers from the steam locomotives and lead to the bridge catching fire.

Without going into detail, I will conclude by showing a number of the designs most commonly used in the United States. Timber bridge building spanned the entire 19th century and continued in the 20th into the 1950s in certain areas, particularly Oregon in the far west and the Canadian provinces of Quebec and New Brunswick.

Pictures: Burr, Town, Long, Howe, Smith, Paddleford.

My conclusion, then, is each area—China, Europe, and North America—evolved separate but equally effective solutions to the challenge of using timber to span rivers. The Chinese solution included a variety of bridge types: beam, cantilever, and "woven arch," the last one being built below the deck. The European solution was to build trusses above the deck mainly based on using struts, kingposts, and queenposts, the latter often in nesting multiples. The American solution was to build both through and deck trusses based on triangles and arches, but sometimes using iron rods as tension members.

Such conceptual differences can be observed in other spheres as well. China developed pictographs to convey meaning, and the West developed phonetic writing systems to convey both sound and meaning. Chinese, European, and American musics are different as well. Chinese music developed melody made complex through simultaneous variants according to the idioms of each instrument. Western music developed melody combined with harmony to convey tension and release. Such fundamental differences in concept that occur in the broader matters of "culture," we also see in timber bridge building. Three equally valid solutions to the same problem.

（本文系"木构建筑文化遗产保护与利用国际研讨会"交流论文。）

【阿尔拉卡大学及其修复方案：木结构】

THE UNIVERSITY OF ALCALÁ AND THE RESTORATION PROCESS: WOODEN STRUCTURES.

[西]弗拉维奥·塞利斯　西班牙阿尔卡拉大学建筑学院
Flavio Celis　Universidad de Alcalá, Madrid, Spain. Ernesto

[西]埃內斯托·埃切维里亚　西班牙阿尔卡拉大学建筑学院
Echeverría　Universidad de Alcalá, Madrid, Spain.

摘　要：阿尔拉卡市历史文化积淀深厚。1998年，阿尔卡拉市及阿尔拉卡大学被联合国教科文组织列入世界文化遗产。16~19世纪，超过185000平方米的古老建筑已被修复，供大学使用。该大学在不改变古建筑特点，与原有建筑保持风格一致的前提下修复古建筑，使其与其他现代大学一样，具有教学和其他功能。在修复过程中，尽可能使用原有施工方式，但在无计可施时只能使用现代设计和现代建筑方法。在修复中，木材只限于一些特定结构或装饰用途。结构维修主要包括损坏结构的功能恢复。在恢复重要装饰元素时，如16世纪穆德哈尔方格天花板，木材显现出更好的恢复效果。但一些因原有装饰元素已完全消失的建筑物，已不可能被修复。此时，使用现代技术和处理方法解决，并明确地与建筑上的原始部件区分开来。

关键词：修复　技术　建筑

The University of Alcalá and its architectural heritage

Cultural patrimony or heritage is the whole of the contributions made to civilization by our ancestors, which present generations are under the obligation to study, conserve and pass on to the future in the best possible state. What is regarded as cultural heritage is decided by cultural élites and the people itself, who consider it part and parcel of their history and culture. Thus, it has been customary to regard as cultural heritage artistic and historical productions and artefacts (Fig.1).

Fig.1 The historical town of Alcalá de Henares and the University Colleges

In the course of its development from its pre-Roman origins, through the Middle Ages, and up to the present, the city of Alcalá has accumulated an important heritage, and to its several adaptations, restorations and enlargements down to the present, since 1998 the University of Alcala is a World Heritage City, an accolade shared with no other European university town and only three others worldwide: the Central University of Venezuela (Caracas), the Autonomous University of Mexico (UNAM) and the University of Virginia (USA). In terms of origin it was the fourth to be created in Spain, in 1293. The current university came on in 1499 when Cardinal Cisneros obtained from Pope Alexander VI the papal bull whereby the university was refounded on the basis of Renaissance reformist and humanist principles, and the first stone was laid of the Greater College of St Ildephonse, the main building of the University campus.

Throughout the sixteenth, seventeenth and eighteenth centuries all of these colleges were built. But the eighteenth century was also witness to the sad decline of the Spanish university and, therewith, of the university town of Alcalá. The nineteenth century spelt disaster for the University of Alcala since the Court was anxious to have a university in Madrid. Accordingly the Central University was founded there in 1821, and all administrative and institutional effects and purposes it was removed to Madrid and its possessions were sold.

In 1850, in response to the abandonment of the place and the pillage of its material possessions, something unparalleled in Spanish history occured when a sizeable group of townspeople united to form the "Society of Co-owners for the Buildings of the Erstwhile University". After acquiring those buildings wholesale, the Society began to cede or rent some of them to different institutions or private individuals on condition that they be conserved for future reuse by the university. Thus the college buildings were turned into military barracks and headquarters, religious and public schools, houses, premises used by cultural and sporting associations, hotels, and so on. In the process they underwent important transformations and revamping in order to adapt them to their new functions and, above all, to prevent their falling into ruin.

In 1968 the historic centre of Alcalá was declared a historic site and consequently saved from urban disorder and speculation. In 1977 the University of Alcala was refounded, achieving complete independence in 1978, in the same buildings that had risen up as part of the project of Cardinal Cisneros. From then to now, the policy of recovering and restoring historic buildings it have continued, as well as promoting new building. The Alcalá Consortium, formed by the town hall, university and regional government of Madrid collaborate closely in promoting the town's current development and the conservation of its historic heritage.

With the support of the International Council of Monuments and Sites (ICOMOS), a group of scholars and experts in the history of Alcalá, comprising chiefly members of the town hall and the university, drew up the relevant document for the University and City of Alcalá to present its candidature for the accolade of UNESCO World Heritage Site or Patrimony of Mankind, the preferred title in Spain on account of its emphasis on the people who have created and used the heritage thus distinguished. At its Tokyo meeting of 2 December 1998, UNESCO's World Heritage Committee voted to declare "the university and the historic nucleus of the town of Alcalá" Heritage of Mankind.

Today the University of Alcala continues to nurture its architectural and artistic assets, in a word, its unique patrimony which carries its fame worldwide. Over 185,000 m2 have been rehabilitated for use by the University in a series of projects which have received numerous international, national and local awards such as the Europa Nostra Prize (twice, in 1987 and 1994) and the Council of Europe Prize (1996). All of this patrimony means that the University of Alcala occupies a unique position among its counterparts across the world.

Characteristics of the historical buildings of the University

In 1975 there was a group of old colleges and convents in the historic centre of Alcalá de Henares which had formed part of the university founded by Cardinal Cisneros in 1499 and which, since the disentailment of 1836, had been used as barracks and jails or had been abandoned and fallen into ruins (Fig.2). By 2012, the University of Alcala had already restored teaching activities to twenty of the forty two colleges which had been erected between 1499 and 1836, as well as to two other buildings in the historic centre. Their distribution and presence on the urban scene mean that the university is not confined to a closed site but is woven into the fabric of the city and closely linked with the activities of the historic centre (Fig.3).

Alcalá's colleges stand on spacious plots of land enclosed by walls, with large open spaces for market gardens. Their layouts are highly

Fig. 2　The ruins of the Colleges before the restoration

Fig.3　Some of the Colleges of the Univesity after the restoration

rational, generally comprising two-storey buildings erected around one or two cloisters. Together with them, their churches and their stairwells sometimes capped with decorated cupolas, dominate the scene. Rising on the eastern side of the cloisters, with their main fronts facing either north or south, the churches have great volumetric impact on the college buildings.

In line with the building traditions prevalent at the time in central Spain, the colleges' load-bearing walls are composed of rubble caissons and brick reinforcements erected on foundations of lime and pebble. As the masonry is exposed to view on the exteriors, the walls of the main fronts are covered with stone masonry similar to the ashlars plinths of the most important buildings. The pillars of the ground floors of some cloisters are also of hewn ashlars.

All the colleges' structural floors were built with wooden beams and joists, as were the roof trusses. On top were placed wooden boards as a base for the tiles to be laid on. The floors, almost always terracotta, sometimes also had glazed, coloured pieces. Vaults were built generally with several structural brick layers, although some of them were hanged from de roof beams to lighten and facilitate their implantation.

Plaster, in varying degrees of purity, was used to cover the interior walls and for carving the surface of the corbels, cornices, pilasters and other non-structural decorative elements.

The lack of use and maintenance, and certain construction defects common to the old colleges, caused also common symptomatology, which in some cases put them on the verge of ruin. Some movements in the foundations that had been overlooked caused some part of the buildings to collapse or fall down, events which in the years previous to the university's return would justify the demolition of vaults, towers and roofs "in order to prevent accidents".

Most walls, as permeable as their foundations, saw how the rising damp they had suffered ever since they had been built worsened; how their bricks and pointing crumbled as a result of the damp patches freezing, the rainwater splashing down from the cornices, and the crystallisation of the salt dissolved in the cement mortar that had been used in more recent and ill-conceived repair work.

Rubble work in the walls and wooden roof-beams and girders in contact with walls affected by damps were all rotting. In the worst case the damaged structural elements had fallen down on cupolas and vaults, which had themselves collapsed.

The intervention methods

The aim of the University is to restore in the ancient buildings the teaching function or other modern universitary functions without altering their character, their stylistic uniformity and their original method of construction. This method of action submits all proposals to regional and local historical heritage committees for approval, regards restoration as the outcome of interweaving patrimonial, scientific, technical, artistic and teaching issues, and is based on interdisciplinary work. Each project takes as its starting point prior study and analysis (historical, archaeological, surveying, geotechnical, structural, petrologic, pathological, patrimonial, and so on) performed by specialists from university departments or external teams who subsequently advise the directors responsible for the various building or restoration works.

Well aware that one project alone is not always enough to complete the recovery of a college due to the cost or scale of the undertaking, the university approached some restoration projects as midterm goals that could only be achieved through a series of actions staggered over a number of years.

The university method begins by assigning each college a particular use or group of uses compatible with its typology and its trace. These, and the original volumes of the building, have to be restored with no alterations arising on the establishment of teaching functions. When recovering a college's original spatial structure, contemporary partitions that may distort it are removed and new ones built which are consonant with it yet also permit the allocation of new uses.

The newly designed elements that need to be incorporated in order to redistribute interiors and facilitate the proper functioning of the buildings are integrated in such a way with the old ones that simple mimeticism is avoided. Built with modern materials and of modern, simple geometrical design, their finishes and the way they are combined with the ancient fabric allow them to be appreciated as elements that are independent of the original edifice.

To preserve the old means of access between floors, the original flights of steps and secondary staircases are restored. When necessary these are complemented with new stairways to ensure compliance with emergency evacuation regulations. The colleges are also made accessible to people with limited mobility by means of ramps and lifts situated in such a way as not to alter original volumes or internal spatial structures.

All historical elements in a poor state like plasterwork, beams and carpentry are restored rather than replaced. To this end artists and craftsmen who specialise in traditional trades like glaziers, stonemasons and plasterers; these not only restore the damaged elements but also apply their skills to the new building works.

Occasionally, the new teaching function requires a college's surface area to be increased. Sometimes, too, mutilated historic volumes need to be recovered. In such cases, the method proceeds to build new volumes and even blocks while taking care not to exceed the building and occupation limits laid down by urban planning and employing ad hoc criteria.

Elements that have been lost only recently (usually because of the neglect of recent years) but are well documented or are not documented but can be determined with precision thanks to the preservation of other identical ones in the same building (like some vaults that may have collapsed in a cloister where others still survive) can be rebuilt using techniques similar to the original ones in order to recover the appearance and to protect the built unity of the building.

Elements for which no documents exist with information about how they were built but which may be defined by the traces left by their outline can be rebuilt using modern techniques, criteria and materials with a view to maintaining the building's original spatial structure and compositional unity.

Elements which are both unknown and undocumented, but which are essential for the building's use as a college may be replaced with others of a modern design and composition which underline their simultaneous integration with and independence from the original structure.

For the most part, the newly added volumes offer a reinterpretation of the old structural scheme of load bearing walls and use clay brick, a building material with a long history of use. But modern materials such as glass, Corten steel, polished concrete or laminated wood are also used in arrangements that clearly set off the new structures from the old.

The use of wood in the restoration of the University of Alcalá

Historically, in the antique buildings of the University, timber has been limited to some specific uses: structural or decorative uses. In structural applications, the most common use has been in floor structures using beams and joists, which, in some cases, as in the outside balconies of the cloisters, were covered with wood deck. Another very common use has been

in the enclosures, through the use of wooden trusses supported on boundary load walls, and gables with beams and wood shingle on which ceramic tiles are placed. Timber has also been used for vaults and tower structures, subsequently coated with wood shingle and finished outwardly with lead or slate. Besides these structural applications, timber has been used extensively for decorative uses, especially on the roofs of some emblematic buildings of Alcalá de Henares, as the Mudejar coffered ceilings of the Paraninfo and the San Ildefonso chapel, both from the sixteenth century.

Moreover, there are interventions "*ex novo*" in some buildings that should be completely renewed. Whether because there is a total or partially missing parts, or it is necessary to add completely new parts. In both cases, the timber is treated as an element of modern construction, developed with current technology (laminated or cross laminated timber, recycled timber, particle board, etc) and put it in an explicit way.

The use of wood in the historical rehabilitation processes

Restoration interventions in wooden structures of antique buildings have focused on functional recovery, in the case of structural elements, and its aesthetic recovery, in the case of decorative elements. However, in some cases both situations overlap, for example, when floors or decks with exposed structure should be rehabilitated.

Structural repairs have basically consisted of restore function of damaged structures. The most common disease in these cases is the degradation by moisture and the entry of xylophagous insects, with the consequent weakening of the load capacity. In these cases, treatments like pickling of damaged areas and antiparasitic primers plus moisture treatments are used. When the structure is heavily attacked, it becomes necessary the injection of resins, the reinforcement by steel connections or the replacement of the parts, just in case of serious damage. Many of these treatments have been used, for example, in the restoration of the Hospedería del Colegio Mayor de San Ildefonso (Fig.4).

In some cases, the different uses of those buildings make the carrying capacity of the ancient timber still insufficient to meet the new solicitations, although it is repaired. In these cases, the recourse employed is to leave the structures at sight as an additional element in the building. They still have the

17

Fig.4   Hospedería del Colegio Mayor de San Ildefonso. Before and after the restoration

Fig.5　Wooden floor structures in the College of Carracciolos. Before and after the intervention

Fig.6　Paraninfo. Before and after the intervention

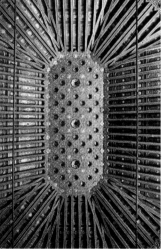

Fig.7　Mudejar wood coffered ceilings of Chapel of San Ildefonso after the restoration

supporting structural capacity, as it happens with the floor structures in the convent of Caracciolos (Fig.5), where the ancient structures have been reinforced with self-supporting concrete slabs.

In the case of the important decorative elements, as in the Mudejar coffered ceilings of Paraninfo of the University (Fig.6) or the Chapel of San Ildefonso (Fig.7), one of the last interventions of the University, the restoration works have been more thorough, because of the importance of the elements and their state of disrepair. In this case, firstly the material in poor condition or not original was removed, followed by a thorough cleaning of the original parts. Also, resins and synthetic polymers were given to those original pieces, as well as a later varnishing. The removed pieces were replaced by carved wood pieces, which were subsequently polychromed. The whole, once completed, was varnished with a protective coating anti-moisture and anti-xylophagous insects.

The use of wood in the new intervention processes

In those buildings where the state of deterioration is very important, and it is impossible any rehabilitation because the original elements have completely disappeared or they must be replaced, the timber is used as a material with historical memory, replacing itself, for example, on the enclosures. Being completely new interventions, their use is solved by contemporary techniques and treatments that are explicitly exposed to not be confused with historically original parts of the building.

The most typical uses of these interventions are substitutions, in many cases they are innovative, like the Caracciolos' convent church (Fig.8) or Carmen Calzado's church (Fig.9), whose original vaults had disappeared, and its replacing by timbrel vaults covered with ceramics, like the original, posed many stability problems, besides the danger of creating a false historical reconstruction. In both cases, these vaults were replaced for light wooden structures, plywood in one case, and fiberboard in the other, with surface treatments that allow a recreation of the original space, without resorting to a mimetic reconstruction.

In other cases, timber has been used as the material that build decks

Fig.8 College of Caracciolos. Before and after the intervention. Vaults replaced for light wooden structures

Fig.9 College of Carmen Calzado. Before and after the intervention. Vaults replaced for light wooden structures

Fig.10 College of Carmen Calzado. Before and after the intervention. Inner courtyard covered with large laminated wood beams

completely new, as in the case of the same building of Carmen Calzado, which large laminated wood beams have been used in order to cover the inner courtyard from the eighteenth century and being used as a classroom (Fig.10). Or in the case of the Learning and Research Centre (LRC) of the University, which is a completely new building built within the remains of a ruined barracks from the nineteenth century. In this case, the missing gabled original cover has been replaced by the same structure, but with a completely new execution, made from a mixed laminated wooden truss with metal tensors, which makes better use of space below deck and passage facilities (Fig.11). Trusses are combined with sandwich panels incorporating insulation; its coating, in oriented strand board, enables the use of a green and sustainable material.

In any case, the combination, the use of wood, the maintaining of the original structures when it is possible, and the incorporation of new technologies and ways of doing things when there is no alternative, enriches the final result and increases the chances of use of rehabilitated buildings.

（本文系"木构建筑文化遗产保护与利用国际研讨会"交流论文。）

21

Fig.11 Learning and Researcher Center of the University. New roof made with mixed laminated wooden truss with metal tensors

22

「营构技艺」

贰

【两浙福建宋元遗存中所见《营造法式》大木作的三个问题】^[一]

——从宁波保国寺大殿与福州华林寺大殿切入

朱永春·福州大学建筑学院

摘　要：本文以福州华林寺大殿与宁波保国寺大殿两座前《营造法式》木构为切入点，讨论两浙福建14处宋元遗存中所见《营造法式》大木作的三个相关联问题：1.并置长昂、华拱形靽楔、多层挑斡及其演进与流变；2.上昂、昂桯的结构机理与区别；3.《营造法式》厅堂结构的铺作等级与前廊天花配置；文中对既有文献中缺漏或者阐释未尽处，进一步辨析。

关键词：宋元建筑　《营造法式》　厅堂结构　上昂　昂桯　华拱形靽楔

[一] 本文为国家自然科学基金项目"《营造法式》大木结构研究"的阶段性成果（批准号：51578155）。

25

宋代所置的两浙路、福建路，约略包括今江苏省长江以南地区以及浙江、福建两省全境。该区域，目前尚有宋元木构及仿木石构殿堂遗存14处（表1），此外尚有近代毁圮，幸测绘资料尚存的江苏甪直保圣寺大殿、福建泰宁甘露庵。它们对《营造法式》（以下简称《法式》）的研究，至少有三层意义：

其一，这些遗存从前《法式》（如福州华林寺大殿、宁波保国寺大殿、莆田元妙观三清殿）到元末，形成较为完整实物链，有助于厘清《法式》大木作若干构造发生、演进、流变过程；

其二，《法式》颁行后，大多数时间北方在金朝控制下，大木作构造在金元发生较大变化。而南宋版图中的两浙、福建，则较多承接、延续和发展了《法式》做法。使之见到诸如本文将讨论的上昂与昂桯^[二]一类北方少见的《法式》中所述及的大木作构件，以及铺作不设耍头、不出昂挑斡之类若干特殊作法的实物；

其三，浙闽地缘关系以及同属越文化圈，产生了若干与《法式》不尽一致的作法，可以并案研究。

这14处遗存中，福州华林寺大殿与宁波保国寺大殿两座木构大殿为先。本文拟以其为切入点，讨论两浙和福建木构遗存中所见《法式》大木作的三个问题：

1.并置长昂、华拱形靽楔、多层挑斡及其演进与流变；

[二] "昂桯"是下昂中去掉昂尖后的那部分。从"质"的方面看，它只是没有昂尖的昂的后部分，其功用不是出跳，而是起到斜撑作用；从"量"的方面看，它的长度取决于实际构造，而不是材分。当昂桯直达下平槫时，便是"昂桯挑斡"。参见参考文献 [一]。

2.昂桯与上昂结构机理与区别；

3.《法式》厅堂结构的铺作等级与前廊天花。

对既有文献缺漏或者阐释未尽处，进一步解读。

一 并置长昂、华拱形鞾楔、多层挑斡及其演进与流变

1.并置长昂、多层挑斡与华拱形鞾楔

在闽浙前《法式》遗存的外檐铺作中，常用双杪双下昂七铺作的形式。这虽然是宋辽建筑中常见的铺作形式，但与《法式》文本及其后《法式》遗存不同，存在着并置的长昂。保国寺大殿后檐补间铺作双长昂并置，直达中平槫（图1）。类似作法也见之创于宋至道二年（996年）的广东肇庆梅庵大雄宝殿，它应当是南方早期铺作作法。华林寺大殿、莆田玄妙观三清殿前檐补间铺作，则均以昂形耍头与双下长昂并置，直达下平槫，形成"多层挑斡"（图2）。

表1 两浙福建宋元殿堂遗存

	名称	年代	地点	备注
1	华林寺大殿	北宋乾德二年（964年）	福建福州市	
2	保国寺大殿	北宋大中祥符六年（1013年）	浙江宁波市	
3	元妙观三清殿	北宋大中祥符八年（1015年）	福建莆田市	
4	名山室西室祖师殿	宋	福建永泰县	殿基座有宋崇宁二年（1103年）石刻
5	玄妙观三清殿	南宋淳熙六年（1179年）	江苏苏州市	
6	陈太尉官大殿	南宋嘉熙三年（1239年）	福建罗源县	
7	延福寺大殿	元延祐四年（1317年）	浙江武义县	
8	天宁寺大殿	元延祐五年（1318年）	浙江金华市	
9	真如寺大殿	元延祐七年（1320年）	上海市	
10	轩辕官正殿	元至元四年（1338年）	江苏苏州市东山镇	
11	虎丘云岩寺二山门	元至正六年（1346年）	江苏苏州市	采纳刘敦桢据直接资料《虎丘云岩禅寺兴造记》所作的断代
12	时思寺大殿	元至正十六年（1356年）	浙江景宁县	
13	寂鉴寺石殿	元至正十七年（1357年）	江苏苏州市藏书镇	仿木石构
14	宝山寺大殿	元至正二十三年（1363年）	福建顺昌县	仿木石构

这类并置长昂之昂尾的支撑构造，保国寺大殿是具有启发性的。其山面东南侧（图3a）与西北侧（图3b）的补间铺作，适成对比。这两组铺作里跳有相同四跳华拱，因为这些华拱功用在支撑昂尾，均为偷心。不同之处只是四跳华拱之上的构件，山面东南侧铺作为鞾楔，西北侧铺作通常被看成华拱（如参考文献［二］），是可以商榷的。

首先，其结构机理并不是出跳，而如同鞾楔支撑昂尾；第二，它不同于华拱从斗中出，而是以斜面紧贴着第三跳的下昂底；第三，它并无相对确定的出跳分数，如本案中前3跳均为18厘米，它伸出22厘米（图3b）。伸出多少取决于第三跳的下昂底部的空隙。仅此而论，这有点像西方拱券的拱心石；第四，若将其算作一跳，里跳即达五跳八铺作，与其七铺作相

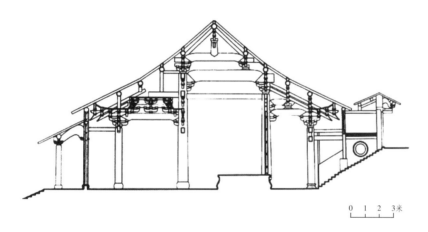

0　1　2　3米

图1　保国寺大殿横剖面（郭黛姮《中国古代建筑史》）

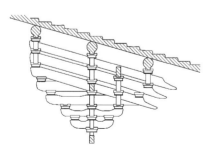

图2　莆田元妙观三清殿补间铺作

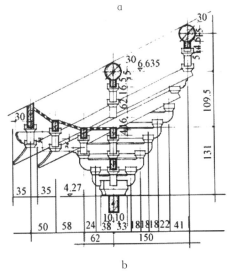

图3 保国寺大殿中山面东南侧
（a）与西北侧（b）的补间铺作
（郭黛姮《中国古代建筑史》）

悖。据此可知，它实为华拱形态的䛒楔，不妨称华拱形䛒楔。在华林寺大殿、保国寺大殿、元妙观三清殿（见图2）三座前《法式》木构中，均有该构件。

2. 并置长昂及华拱形䛒楔的演进：昂桯与大䛒楔

山西万荣稷王庙正殿[一]檐下补间铺作，应为早期过渡时期的生硬的做法。其为五铺作重昂，第一跳为挣昂（图4）。里跳第二跳华拱上的小斗，以及其上的华拱形䛒楔上的小斗，均斜置，以增加高度，并使斗面斜度接近下昂斜度。它开变角度提升高度先例。其上更有斜置的一拱三斗，充当䛒楔。

并置长昂此后的流变，沿着缩减下层的下昂长度（图5），改变其角度两条途径。既然下层昂的昂尾只是支撑作用，且可以改变其角度来替代华拱形䛒楔甚至华拱，便产生了不出昂的昂桯。从《法式》中以“昂桯”来解释“上昂”来看[二]，昂桯在《法式》前应当已经存在一段时间了。“昂桯”长期被误读作“上昂”，如金华天宁寺大殿补间铺作中“昂桯”（图6），本文第二节将予以澄清。

建于元延祐四年（1317年）的浙江武义县延福寺，其身内的补间铺作，在缩减下层的下昂的长度同时，改变其角度（图7）。其下仅用一大䛒楔支撑，洗练的结构将下昂铺作的尾部处理推向极致。

二 昂桯与上昂

昂桯与上昂是《法式》中不易区分的两个构件。在参考文献[一]之前的既有研究，因《法式》中与“昂桯”相关的“即骑束阑枋下昂桯”句未被破解，包括笔者在内，常将“昂桯”误判作“上昂”。因为尚无“昂桯”的概念，早期该问题的讨论常表述为“上昂”与“挑斡”的辨析（如参考文献[四]）。实

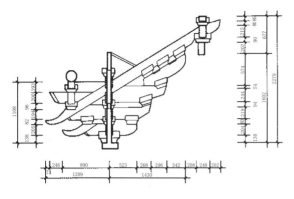

图4　山西万荣稷王庙正殿檐下补间铺作
（徐怡涛《山西万荣稷王庙建筑考古研究》）

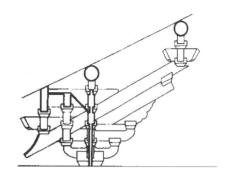

图5　少林寺初祖庵补间铺作缩减下层的下昂长度
（郭黛姮《中国古代建筑史》）

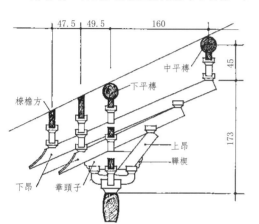

图6　金华天宁寺大殿补间铺作中被误读作"上昂"
（梁思成《营造法式注释》）

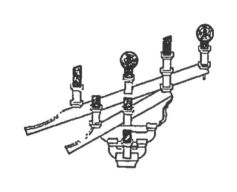

图7　浙江武义县延福寺身内的补间铺作
（陈从周《浙江武义县延福寺元构大殿》）

际上，"挑斡"须直达下平槫，以此为判据是不难识别出的。

从质的方面看，上昂是铺作中出跳的构件。从量的方面看，其尺度直接由材分制度确定。正是在"出跳"这一特征上的一致，"上昂"与"下昂"的统称"飞昂"或"昂"。从量的方面看，《法式》规定"每跳之长，心不过三十分"（《法式》卷四）。至于挑斡，《法式》曰：下昂"若屋内彻上明造，即用挑斡，或挑一斗，或挑一材两栔（谓一拱上下皆有斗也）。若不出昂而用挑斡者，即骑束阑枋下昂桯。可见，挑斡有昂尾挑斡与不出昂挑斡两种，其共同点是落在下平槫上。从质的方面看，挑斡必须与下平槫相连，有学者以此定义挑斡。从量的方面看，其尺度是由下平槫位置确定的，而不是材分（见参考文献［五］）。

我们还可以从其功用角度，对上昂加以研判。《法式》曰："上昂施之里跳之上及平坐铺作之内，昂背斜尖，皆至下斗底外；昂底于跳头斗口内出，其斗口外用鞾楔。"可见上昂用于两处：一为用于室内，另一为用于平座铺作上。用于平座作法，当然不可能在位于下昂的昂尾挑斡之下。

［一］万荣稷王庙正殿屋架曾在元至正二十三年（1363年）修缮过，一般将其定为金代（1115～1234年）木构。但2011年修缮中发现"天圣元年"（1023年）的题记，由此可推断虽经元代修缮，仍然保留了部分北宋构造。

［二］见《法式》卷四："今谓之下昂者，以昂尖下指故也。下昂尖面下颛平。又有上昂如昂桯挑斡者"。

用于室内，则从《法式》中可知上昂铺作承托平棊方：

> 如五铺作单杪上用者，自栌斗心出，第一跳华拱心长二十五分；第二跳上昂心长二十二分。其第一跳上，斗口内用鞾楔。其平棊方至栌斗口内，共高五材四栔。[一]

文字中说明了平棊方至栌斗口内的高度，可见平棊方高度是营造时须关注的。《法式》卷三十图样中给出了上昂铺作的五至八铺作的四幅图样，也无一例外的承平棊方。由此可知，室内上昂铺作是承平棊的，而昂尾挑斡以及下文将论及的"昂桯"，均为彻上明造，这是区分"上昂"与"昂桯"的判据之一。

趁便谈下上昂铺作的功用，它主要调整角度以缩短出跳距离（其目的是避免铺作与平棊相犯），且提高平棊方高度。《法式》中列举了从五铺作到八铺作，共 4 种上昂铺作，无一例外都缩减了出跳距离，提高了平棊方高度（图8）。施以了骑斗拱的后 3 种，尤其明显（见参考文件 [六]）。不妨以六铺作为例：

> 如六铺作重杪上用者，自栌斗心出，第一跳华拱心长二十七分第二跳华拱心及上昂心共长二十八分。华拱上用连珠斗，其斗口内用鞾楔。

六铺第一跳长27分，第二跳第三跳共长28分。与最大值90分相比，缩减了35分。其第二跳长度不确定，以及施连珠斗，以便调整上昂斜度。总之，室内上昂铺作的功用在减少出跳长度不与平棊相犯，且提高平棊方高度。室内上昂铺作必有平棊，而昂尾挑斡用于彻上明造，昂尾挑斡之下的斜杆状构件

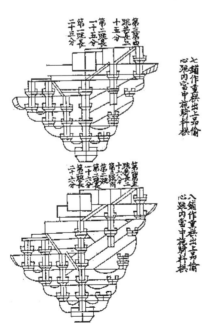
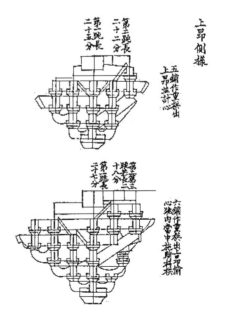

图8 《法式》中列举的上昂铺作
（李诫《营造法式》）

30

不是上昂。例如金华天宁寺大殿（见图6）。它实际上正是昂桯。

我们也可以从"质"与"量"两方面，考察"昂桯"。从"质"的方面看，它只是昂尾部分，没有昂尖。尤其是，它是昂不出跳的部分。从"量"的方面看，它的长度取决于实际构造，而不是材分。当昂桯直达下平槫时，便是"昂桯挑斡"。因此，"昂桯挑斡"可以视作"昂桯"的特例。

我们不妨以浙江金华天宁寺大殿补间铺作为例，说明"昂桯"与"上昂"之分野。这是单杪双下昂六铺作，第三跳下昂的昂尾挑斡。由于长期以来《法式》中"昂桯"未被破译，一般文献将里跳的"昂桯"判为"上昂"（见图6）。实际上，它与"上昂"区别还是明显的：

1. 从功用看，它用于支撑昂尾，而不是调整平棊方位置。其功用相当于早期的华拱形靴楔，或武义延福寺中补间铺作的大靴楔（见图7）；

2. 它所依附的结构为彻上明造，当然没有《法式》中里跳上昂所支撑的平棊方及平棊；

3. 从构造看，上昂自斗拱心出。天宁寺大殿"昂桯"与心线有间隔，实际上，它是垂直于束阑方[二]安放的，即《法式》中所谓"骑束阑方下昂桯"；

4. 《法式》中上昂属出跳构件，尺度由材分决定。《法式》规定每跳之长，心不过三十分。天宁寺大殿"昂桯"未达心线，尺度由构造所决定。不应计作一跳。否则，可能里跳跳数高于铺作数，如下文中的甪直保圣寺大殿外檐铺作为五铺作。若计作一跳，里跳便达"六铺作"。

类似的例子还有上海真如寺（图9）、已毁的甪直保圣寺大殿（图10）。实际上，真正的"上昂"是很少的，这是因为南方建筑多用彻上明造，或人字顶槅下梁架仿彻上明造（如真如寺顶槅）。两浙福建宋元遗存中，仅见苏州玄妙观三清殿一例（图11），且构造与《法式》略有出入：其构造与《法式》上昂六铺作相比（图12），第二跳华拱除支撑上昂，还支撑平棊方，构成上下两层平棊方。因此将偷心改为计心，单拱。第一跳28分与《法式》中27分很接近，但第二、第三跳共48分，远超出《法式》的28分。可见出跳长度缩减不大。尤其《法式》中第二跳出跳长度用以调整上昂的角度，为不定值。玄妙观三清殿的第二跳出跳长度14分，恰为第一跳28分的一半，加之去掉了可以微调上昂角度的连珠斗，似已经为定值。这应当是工匠在经验基础上定型化。

在浙江明清遗构中，尚可见殿堂利用上昂提高天花的作法（见图

[一]《法式》卷四所述及四种上昂铺作中，五、七、八铺作中，均有"其平棊方至栌斗口内，共高□材□栔。"（"□"为该铺作平棊方至栌斗口实际材广或栔广）比照卷三十一图样，疑六铺作下脱漏了"其平棊方至栌斗口内，共高六材五栔。"句。

[二] 束阑方即栌枓上部心线上的一系列的方，参见参考文献[一]。

31

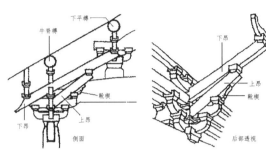

图9　上海真如寺昂桯及人字顶槅下梁架仿彻上明造　　　　图10　甪直保圣寺大殿
（《中国古代建筑技术史》）　　　　　　　　　　（张十庆《南方上昂与挑斡作法探析》）

a　　　　　　　　　　　　　　b

图11　苏州玄妙观三清殿上昂铺作　　　　　图12　《法式》六铺作上昂
（梁思成《营造法式注释》）

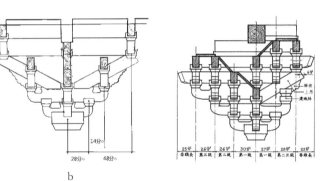

图13　浙江永嘉苍坡仁济庙上昂

图14　浙江永嘉苍坡溪门上昂

11），以及门屋上昂出挑（图13、14）。后者结构机理相当于《法式》中平座设上昂出挑。

综上所述，可以将施之于室内的上昂与昂桯，列一表格加以比较（表2）。

表2　施之里跳的上昂与昂桯比较

		上昂	昂
1	木构架特征	有平	彻上明造
2	用途	调整平棊方位置	支撑昂尾
3	性质	铺作中出跳构件	铺作中非出跳构件，其作用相当于前《法式》的华拱形鞾楔，或元代的大鞾楔
4	位置	自斗拱心出	垂直于束阑方安放（"骑束阑方下昂桯"）
5	长度	由材分确定。每跳之长，心不过30分	由构造所决定。其至心线平长多大于30分
6	特例	五铺作无骑斗拱	昂桯挑斡
7	图释		

三　《营造法式》厅堂结构的铺作等级与前廊天花

1.厅堂结构的铺作数

《法式》卷三十一图样给出厅堂结构中的18种横断面中，17种均为一跳四铺作(图15)，余下一种为六铺作单杪双下昂。如何看待这一现象？有学者认为："其余十七式外檐均用四铺作，外跳出一跳计心造，里跳出一跳偷心造。可以说明厅堂外檐铺作可用六铺作至斗口跳。"（见参考文献［七］）虽然《法式》图样中仅存的六铺作图样，使其可能苦心地将厅堂结构等级提高到六铺作，但与实际情况还是相去甚远。福州华林寺大殿、莆田元妙观三清殿当心间剖面属于《法式》厅堂结构断面图样中"八架椽屋前后乳栿用四柱"，宁波保国寺大殿身内心间剖面不属于《法式》所列18种，按《法式》厅堂结构描述法为"八架椽屋前三椽栿后乳栿用四柱"，总之。它们属厅堂结构结构迨无异议。然而，实物中包括这三个案例在内的一批厅堂结构，其外檐铺作均为七铺作双杪双下昂，高于最高值六铺作。更难以理解的是，《法式》图样中占压倒多数的铺作形式，在两浙、福建宋元木构遗存无一案例。在其他地区厅堂结构的宋元木构遗存中，亦罕见。有必要反思对《法式》的解读。

《法式》中猫述殿堂结构之一的图称"草架侧样图"，而厅堂结构图样称"间缝内用梁柱"。今天很容易落入的误区，是将它们都等同于今天的剖面图，而忽视二者差别。实际上，图样并不遵守剖面图绝对剖切的概念，常根据描述对象有所取舍。以"草架侧样图"为例，"其檐下及槽内，并补间

铺作在右，柱头铺作在左"[一]。殿堂结构的铺作等级，牵涉到铺作层的高度，因此《法式》对结构相同铺作不同的图样，是分别绘图的。至于厅堂结构，因为无铺作层，一般说来，铺作就不是精密描述的对象。这从此类图称"间缝内用梁柱"，而不是"间缝内用梁柱、铺作"，更没有像殿堂结构那样，将铺作数标注出来。总之，《法式》中厅堂结构的"间缝内用梁柱"17种图样中的檐下的铺作，仅表示存在铺作，并不表示铺作的等级。

至于《法式》中的图样"八架椽屋乳栿对六椽栿用三柱"，铺作的类型已涉及结构的表达。该图样右边铺作昂尾挑斡，应当描述的是补间铺作。左边所绘柱头铺作，昂尾直达月梁状劄牵下（图16）。

2. 保国寺大殿的藻井前置问题

保国寺大殿属于厅堂结构，而《法式》中的厅堂结构均属于不设天花的彻上明造。因此，保国寺大殿神龛上部无藻井，应当

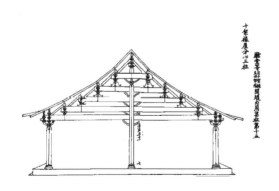

图15 《法式》厅堂图样称"间缝内用梁柱"，17种均为一跳四铺作（李诚《营造法式》）

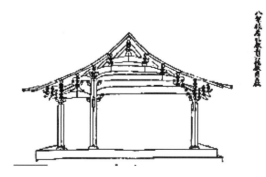

图16 《法式》图样，右补间铺作昂尾挑斡，左柱头铺作昂尾直达月梁状劄牵下（李诚《营造法式》）

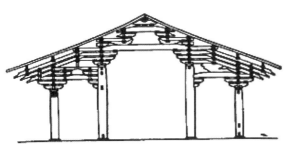

a   b

图17　福州华林寺大殿现前置的绞枋拱

是厅堂结构的常态，问题在保国寺大殿为何前置了藻井。保国寺大殿属于前《法式》木构，因此，可以与同样属于前《法式》木构的华林寺大殿对比，寻找有无相近的规律。

华林寺大殿现前置的天花，从题记看应当是清代遗存。但这并不等于华林寺大殿五代北宋之交始建时无天花。从其构造看，其一，前廊上方采用了绞枋拱（图17）。而所绞乳栿之上的华拱，无论支撑何物，都会压缩空间，与大厅空间形成先抑后扬的序列；其二，木构可分为下部加工为月梁状的乳栿，与其上的草丁栿。这些都显示始建时有天花是大概率事件。退一步，即便无天花，至少前廊上作了较多艺术处理。这是不是前《法式》木构的常态呢。

《法式》厅堂结构图样还有一个细节值得注意。第七图左设乳栿，为"八架椽屋乳栿对六椽栿用三柱"。而第十三图左为四椽栿，它被命名为"六架椽屋乳栿对四椽栿用三柱"，而不是"六架椽屋四椽栿对乳栿用三柱"，显示有乳栿的前廊可能为入口，并表达对该空间的重视。

四　结　语

在闽浙前《法式》遗存的外檐铺作中，昂尾存在华拱形楮楔。其结构机理并不是出跳，而如同楮楔支撑昂尾；它不同于华拱从斗中出，而是以斜面紧贴着下昂底以支撑。并置长昂此后的流变，沿着缩减下层的下昂长度，改变其角度两条途径。当下层昂的昂尾只是支撑作用，且可以改变其角度来替代华拱形楮楔甚至华拱，便产生了不出昂的昂程。

35

[一]《法式》图样在传抄过程中有较大出入，参考文献[八]在用现代制图原理为《法式》绘制图样时，恢复了"补间铺作在右，柱头铺作在左"。

贰·营构技艺

昂桯与上昂是《法式》中不易区分的两个构件。从功用看，"昂桯"用于支撑昂尾，其功用相当于早期的华拱形鞾楔。"上昂"用于调整平棊方位置。从所附丽的结构看，"昂桯"所依附的结构为彻上明造，"上昂"所依附的结构有平棊；从构造看，"昂桯"是垂直于束阑方安放的，并与心线有间隔。上昂自斗拱心出。从尺度看，"昂桯"尺度由构造所决定。不应计作一跳。上昂属于出跳构件，尺度由材分决定，按《法式》规定，每跳之长，心不过三十分。

《法式》中厅堂结构的"间缝内用梁柱"17种图样中的檐下的铺作，仅表示存在铺作，并不表示铺作的等级。保国寺大殿属于厅堂结构，而《法式》中的厅堂结构应属于不设天花的彻上明造。而其前置藻井，有利于与大厅空间形成先抑后扬的空间序列，为前《法式》木构遗风。

（本文系"木构建筑文化遗产保护与利用国际研讨会"交流论文。）

参考文献：

[一] 朱永春:《〈营造法式〉中"挑斡"与"昂桯"及其相关概念的辨析》,《中国〈营造法式〉国际学术研讨会论文集》,福州,2016年。

[二] 郭黛姮:《中国古代建筑史·第三卷(第2版)》,中国建筑工业出版社,2009年,第318页。

[三] [宋]李诚:《营造法式》,中国书店,2006年。

[四] 张十庆:《南方上昂与挑斡作法探析》,《建筑史论文集》,清华大学出版社,2002年第2期。

[五] 朱永春:《闽浙宋元建筑遗存所见的〈营造法式〉中若干特殊铺作》,《2013年保国寺大殿建成1000周年系列学术研讨会论文合集》,科学出版社,2014年。

[六] 朱永春:《〈营造法式〉中的"骑枓拱"辨析》,《中国建筑史论汇刊(第8辑)》,中国建筑工业出版社,2013年。

[七] 陈明达:《营造法式大木作研究(上)》,文物出版社,1981年,第111页。

[八] 梁思成:《营造法式注释(卷上)》,中国建筑工业出版社,1983年,第121、406页。

36

【关于卵塔、无缝塔及普同塔】[一]

张十庆·东南大学建筑研究所

摘　要：卵塔源于禅僧墓塔，因其形而得名，是中国寺塔的一种独特形式。论文通过对卵塔的分析，希望深入认识其独特的形式与内涵。

关键词：卵塔　墓塔　禅寺

[一] 本文为国家自然科学基金课题（编号51378102）的相关论文。

卵塔是源于禅寺的一种墓塔形式，因其塔身呈椭圆蛋形而得名。其虽存世实物不多，亦未得到多少关注，然卵塔以其形式及内涵上的独特，表现出禅僧墓塔的鲜明特征，是中国寺塔的一种颇具特色的形式。

37

一　禅寺墓塔的特色

塔属寺院中的纪念性建筑，墓塔是塔的一类，然在性质上却是塔的本意，所谓舍利塔即是。中国佛教寺院中的塔，按其内容来分主要有佛塔、墓塔和经塔这三种。按其形式来分，则有楼阁式塔、密檐塔和单层塔这三种；按材料来分，则有木塔、砖石塔和砖木混合塔这三种。墓塔从形式上而言，一般为单层塔；从材料上来看，则多为砖石塔。早期墓塔实例如唐代的净藏禅师塔，少林寺的塔林，即皆为墓塔。

在佛教诸宗中，禅寺墓塔最具特色。禅宗重嗣承，尊法系，热心于祖师塔的造立；禅宗的观念亦影响了墓塔的形式与内涵。禅宗关于墓塔有多种称谓，如无缝塔、卵塔及普同塔和海会塔等，其中尤以卵塔在形式和内涵上别具特色。

二　卵塔的由来

禅寺卵塔，以其塔身椭圆如卵的形式而得名。而这一形式的内涵，则源于禅的理念，或者说是对禅理念的一种具象化和造型化的结果。唐以来，禅宗高僧理念中的墓塔，被抽象和概念为所谓"无缝塔"。而卵塔，

贰·营构技艺

正是对禅师"无缝"概念的释义和具象化。在卵塔上，所谓"无缝"被释义为无缝无棱，具象为"卵"（蛋）形塔身，故有卵塔之称。《禅林象器笺》云："无缝塔，形似鸟卵，故云卵塔"[一]。

参禅悟道的终极目的是明心见性，彻见"本来面目"，并以此表征禅悟境界。而与"本来面目"相类的喻象，还有"一物""本来人""本来身""无缝塔"等，皆表清净圆满的本心。《坛经·顿渐品》慧能示众："吾有一物，无头无尾，无名无字，无背无面，诸人还识否？"所谓"无缝塔"意同"一物"，也是本心圆满的象征[二]。

无缝塔之称，初见于唐代。《五灯会元》卷二记唐代宗问南阳慧忠禅师（677～775年）："师灭度后，弟子将何所记？师曰：'告檀越造取一所无缝塔。'帝曰：'就师请取塔样。'"。由此记可见，无缝塔仅是高僧想像中的墓塔形式，故代宗要请取塔样。实际上，当时禅师们自己也说不出其理念中的"无缝塔"何形何样，或对塔形本身并不关心，故有"僧问如何是无缝塔？师（自岩上座）曰砖瓦泥土。"（《五灯会元》卷十五）这一回答或是禅语机锋，然并未关及塔的形式。禅宗灯录故事中多见有这类问答，"如何是无缝塔"，成为当时禅机应答的一个重要话头，见以下文献所记：

"陕府龙溪禅师上堂，僧问：'如何是无缝塔？'师曰：'百宝庄严今已了，四门开豁几多时。'"（《五灯会元》卷六）；"问：'如何是无缝塔？'师曰：'八花九裂。'曰：'如何是塔中人？'师曰：'头不梳，面不洗。'"

（《五灯会元》卷11）；"僧问：'如何是无缝塔？'师（衡州华光禅师）指僧堂曰：'此间僧堂无门户。'"（《五灯会元》卷13）；"僧问：'如何是无缝塔？'师曰：'四棱着地。'曰：'如何是塔中人？'师曰：'高枕无忧。'"（《续传灯录》卷四《明州仗锡山修己禅师》）。显然禅师心中的无缝塔，只是一个充满禅机的理念，禅师的言语，也是难以用常理去理解的。无缝塔于禅僧而言，几不是实物的概念，更多的是借以引伸和象征的意味："向无缝塔中安身立命，于无根树下啸月吟风。"（《五灯会元》卷6处州法海立禅师）。

后世禅僧根据自己的理解，以卵形的无缝无棱，来解释和具象"无缝塔"的形式。若硬是要追求一个形式的话，那么以一浑圆整石所成者，或最能区别于传统用木石垒砌、有棱有缝的佛塔。其实卵形，也只是对所谓无缝塔"无缝"的一种理解和表现，至于南阳慧忠禅师所求无缝塔的"无缝"之义，应是一种境地，何劳建造？所谓"无缝"或只是高僧就无形无相、本心圆满理念的隐喻和象征。苏东坡《别石塔》，就"有缝、无缝"，有一段禅机应答："石塔别东坡，予云：'经过草草，恨不一见石塔。'塔起立云：'遮个是砖浮图耶？'予云：'有缝塔。'塔云：'若无缝，何以容世间蝼蚁？'予首肯之。"（《苏轼集》卷101）。言外之意，别有意味。

唐代的无缝塔，本无确定的形制，所谓"无缝"，早期未必在形式上有何特指。然宋代以后，具象的卵塔已成为抽象的无缝塔的专指，并为禅僧所普遍接受。《禅林僧宝传·瑞鹿先禅师传》:"大中祥符元年二月,谓门弟子如昼曰:'为我造个卵塔,塔成我行矣。'";《禅林僧宝传·双峰钦禅师》:"太平兴国二年三月谓门弟子曰:吾不久去,汝矣可砌个卵塔";《丛林盛事》:"涂毒老人示寂,放翁以诗哭之曰:尘侵白拂绳床冷,露滴青松卵塔成",陆游诗云:"云堂已散三三众,卵塔空寻点点师。"(《陆游诗集·游灵鹫寺》)。两宋时期,卵塔之称已甚为普遍,并完全成为无缝塔的代称,而无缝塔则少有提及。原初"无缝"的抽象禅理念,最终为卵形的具象所取代和淹没,无缝塔由此而具象化和定型化。

三 无缝塔的性质与年代

称高僧墓塔为无缝塔者,始于禅宗南阳慧忠国师,时为中唐代宗大历十年(775年),无缝塔自此成为禅宗丛林独特的墓塔形式[三]。在性质上,无缝塔是禅宗高僧所用的个人墓塔形式,早期一般只有开山、住持等高僧才能置此形式的墓塔。

以卵塔代称无缝塔者,始见于北宋初太平兴国二年(977年)。卵塔盛行于两宋丛林,尤其在禅寺兴盛的南宋地区,卵塔营造甚多,并为日本禅寺所仿效。日本自镰仓时代传入南宋禅宗后,始有无缝塔,并作为禅宗高僧墓塔而盛行流传,且随南宋称谓而称作卵塔。

卵塔随着发展,由禅宗独有普及至他宗共用,成为各宗僧侣的墓塔形式。这一特色,中日皆然。实事上,中国佛教寺院形制自中唐以后,即多以禅宗寺院为范本,在中国寺院制度与佛寺形制上,禅宗是最具创造力和开先河者,塑造了中国佛寺的独特内涵与形式。禅宗所创诸多寺院制度和佛寺形制,都为他宗所传用、普及。从宗派构成来看,唐宋以后的中国佛教寺院的主体,实际上也主要就是禅、净二宗的天下。在中国佛寺发展史上,有诸多禅宗的初创性与他宗的模仿性的互映,小小的卵塔即为一例。

丛林以卵塔为高僧墓塔的作法,不止为他宗所仿效,甚至亦影响至在家者。北宋名相王旦,"性好释氏,临终遗命剃发着僧衣,棺中勿藏金玉,用荼毗火葬法,作卵塔而不为坟"[四]。卵塔的普及和发展,大致沿着由禅宗至他宗,由佛教至民间的途径。

[一] 无著道忠《禅林象器笺》卷第二,殿堂类下。

[二] 参见吴言生《禅宗哲学象征》,中华书局,2001年。

39

[三] 据称山西灵丘县曲回寺塔林中的无缝塔,造于唐天宝十年(751年),比唐南阳惠忠国师的无缝塔还要早24年,是我国现存最早的无缝塔。

[四] 司马光:《涑水记闻》卷7,中华书局,1989年。

四 卵塔的构成

卵塔造型，表现为须弥座上安卵形塔身的形式。宋代成熟时期的卵塔形式，具体由须弥座、仰莲座、塔身三段式构成。卵塔塔体无缝无棱，无顶无刹，造型简洁，倒也与禅僧的趣味相合，所谓"无缝塔样，八面玲珑"[一]。

卵塔独特的塔身形式，除了比附"无缝"概念之外，也有认为源于对安奉于塔中的舍利瓶坛形状的模仿，"梅峰信和尚曰：'凡安舍利，用铜瓶金坛，藏之于塔中。'……卵形盖瓶瓷之遗形也。"[二]后世所谓卵塔，在意义与形式上也确与舍利铜瓶金坛具有相关性（图1），卵塔或正是其遗形。修定寺石塔基址出土北齐石雕舍利函[三]，在材料、形式及内涵上与卵塔十分相近（图2）。

故无缝塔的卵形，应非源自窣堵坡的形式，与后世的喇嘛塔亦无直接关联。

唐宋以来，无缝塔的构成应以追求塔身以一浑圆整石而成为特色。无缝塔实物，自唐以来遗存甚少。唐代早期实物，或以临济祖庭黄檗山所存唐大中十一年（857年）的运祖塔略具雏形（图3）。此塔为临济始祖希运禅师墓塔，其构成为须弥座上置卵形塔身，唯有不同的是塔身上覆六角顶盖，然唐代无缝塔在形式上，或未必有确定的形制。实际上，临济祖庭黄檗山墓塔中，即多有无缝塔的身影和遗意。

唐以后所见卵塔遗例重要者有北宋的阿育王寺守初禅师（？～1030年）塔。塔身保存完好，须弥座仅存上段部分（图4）。塔身正面铭文"第二代守初禅师塔，师筠州人姓刘，天禧五年辛酉住，庚午年迁化，易

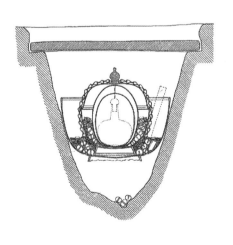

图1 法隆寺五重塔卵形舍利容器（日本建筑学会《日本建筑史图集》，彰国社，1986年）

图2 修定寺石塔基址出土北齐石雕舍利函（河南省文物研究所编《安阳修定寺塔》，文物出版社，1983年）

图3　临济祖庭黄檗山所存唐　　图4　阿育王寺守初禅师卵塔　　图5　天童宏智禅师卵塔（1157
　　　代运祖塔（857年）　　　　　　　　　　　　　　　　　　　　　年）（常盘大定、关野
　　　　　　　　　　　　　　　　　　　　　　　　　　　　　　　　　贞：《中国文化史迹》，
　　　　　　　　　　　　　　　　　　　　　　　　　　　　　　　　　法藏馆，1975年）

寺向南"。可知禅师北宋天禧五年（1021年）住此山，庚午年（1030年）
迁化，此塔或为南方所存卵塔最早者。据《明州阿育王山续志》卷第十六
《先觉考》，阿育王寺始创于西晋太康三年，历南朝隋唐五代，皆律居讲
席。至宋端拱元年始为十方禅寺，守初禅师为其第二代住持。守初禅师塔
表现了宋代禅宗住持高僧的墓塔形式。

　　南宋时期，禅宗的发展以江南五山十刹为中心，至今五山诸寺仍存
有多处其时高僧卵塔。其重要者有三例，现皆在五山第三位的宁波天童
寺，即宏智正觉禅师塔、密庵咸杰禅师塔及晦岩光禅师塔。三师皆为南
宋禅寺高僧，其中尤以宏智正觉禅师（1091～1157年）和密庵咸杰禅师
（1118～1186年）著名。宏智禅师于1129至1157年，密庵禅师于1184至
1186年，先后住持天童寺，宏扬禅法，乃宋代丛林巨擘，对海东日本丛林
亦影响巨大。晦岩光禅师为阿育王寺第三十二代住持。

　　上述现存南宋三卵塔中，以南宋绍兴二十七年（1157年）的宏智禅师
塔保存最为完整，塔全高1.90米，须弥座上承卵形塔身，虽经后世重修，
但其原形未有改变（图5）。唐代无缝塔大小，从禅僧应答话语中推知，高
约五六尺[四]，合1.5至1.8米左右，与宋代相仿，为小型墓塔形式。

　　密庵咸杰禅师塔（图6）与晦岩光禅师舍利塔（图7），二者大致相似，

[一]　[金]　赵秉文：《利州精严
禅寺盖公和尚墓铭》，《钦定热
河志》卷118。

[二]　无著道忠《禅林象器笺》
卷第二，殿堂类下。

[三]　修定寺石塔（唐代）基址
出土石雕舍利函底座周边，有
北齐天保五年刻铭，见河南
省文物研究所编《安阳修定寺
塔》，文物出版社，1983年。

[四]　《五灯会元》卷十："婺州
齐云山遇臻禅师，越州杨氏子
僧问如何是无缝塔，师曰五六
尺，其僧礼拜，师曰塔倒也。"

二塔唯塔身部分为原物，基座皆已不存，塔身正面禅僧铭文处作成荷叶牌的形式，是南宋常见做法。南宋实物还见有浙江雁荡山南坡卵塔（图8）。

笔者前年在浙东山村调查时，偶见石造卵塔残件，推测应是南宋遗物（图9）。近年在杭州径山禅寺调查时，也发现遗存卵塔残件（图10）。此外，湖北黄梅县四祖寺西北处鲁班亭内众生塔，又称"栽松道人塔"，六角须弥座上承椭圆形塔身，正是禅寺典型的无缝塔（图11），且时代可能早至宋代，其与石亭相配，朴实厚重，别具一格（图12）[一]。

禅宗祖庭少林寺的塔林诸墓塔中，可见二例金代卵塔，一是衍公长老塔（1215年）（图13），一是铸公禅师塔（1224年）（图14）。

图6　天童寺密庵咸杰禅师塔（南宋）　图7　天童寺晦岩光禅师舍利塔（南宋）　图8　浙江雁荡山宋代卵塔（张驭寰《中国塔》，山西人民出版社，2000年）

图9　浙东溪口村卵塔（塔身局部）　图10　杭州径山寺遗存卵塔残件　图11　湖北黄梅县四祖寺鲁班亭众生塔（湖北省建设厅编《湖北古代建筑》，中国建筑工业出版社，2005年）

[一] 此塔塔基须弥座上刻有
"塔接栽松"的字样，故此塔
应是栽松道人的墓塔。据《五
灯会元》卷一记载，栽松道人
曾问道于四祖道信，并投胎转
世，奉事四祖，法号弘忍，后
为禅宗五祖。

0   0.5   1米

图12 湖北黄梅县四祖寺鲁班亭众生塔立面（湖北省建设厅编
《湖北古代建筑》，中国建筑工业出版社，2005年）

图13 登封少林寺塔林衍公长老塔　　　图14 登封少林寺塔林铸公禅师塔
（1215年）　　　　　　　　　　　（1224年）

贰·营构技艺

44

图15 日本建长寺大觉禅师塔（镰仓时代）

图16 日本泉涌寺开山塔（镰仓时代）（滨岛正士《寺社建筑的鉴赏基础知识》，至文堂，1992年）

卵塔形式的成熟定型，以现存的南宋天童寺宏智禅师塔最为标准，日本镰仓时代的早期实例，在构成形式都基本与之相同，即保持须弥座、仰莲座与塔身三段式，唯日本部分卵塔，塔身下部曲线内收，成上大下小的倒梨状，造型灵巧。日本中世以后卵塔形式的变化，主要表现在简化、变形与大型化这三个方面。塔形简化主要指对须弥座的简化或省略，变形指卵形塔身变细长（图17、18），大型化则表现在清泰院冈山藩主池田忠雄墓塔（1632年），形式上为塔高5.6米的大型无缝塔，且大型塔身仍为一整石雕造，塔身正同雕刻壸门铭文，记墓主名号及年代（图19）。

此外，南方东南沿海又有一种钟形石塔，在形式上与卵塔相似，其源流上或也与之相关。其体量较大者，则分块垒砌。如福州西禅寺石塔，呈扣钟形，以花岗石垒造，正面嵌碣（图20）。此类卵塔最早者为闽侯雪峰崇圣寺义存祖师塔，其他如福建黄檗山万福寺海公塔等例。

金代卵塔在形式上与南宋卵塔略有变化。

日本自中世传入南宋禅宗以后，其禅寺墓塔也普遍采用卵塔的形式，现存重要实例如镰仓时代（1184～1332年）前期的建长寺大觉禅师塔（图15）、泉涌寺开山塔等（图16），前者为赴日宋僧兰溪道隆墓塔，后者为入宋日僧俊芿墓塔，二者皆纯粹的宋式卵塔形式，是日本现存最早的卵塔实例。日本自镰仓时代中期开始，无缝塔作为禅宗僧侣墓塔而广泛使用，其后又从禅宗普及至净土宗等他宗，至江户时代更为一般民间采用。日本中世以后所存卵塔甚多，在形式上则有相应的变化。

图17　日本某寺无缝塔群　　　　图18　爱知县正眼寺无缝塔
　　　　　　　　　　　　　　　　　　　　（1458年）

图19　日本清泰院池田忠雄墓塔　　图20　福州西禅寺卵塔（谢鸿权提供）
　　　（江户时代）

五　丛林普同塔

　　禅的"无缝"理念在墓塔上，最终表现为卵塔的形式；而丛林集团修行及僧众平等的观念，在丛林墓塔上，则表现为普同塔的形式。唐宋以来，卵塔多是禅宗高僧独葬的单人墓塔，而所谓普同塔，则是丛林僧众的合葬墓塔。

丛林禅僧合葬墓塔称普同塔，亦称普通塔或海会塔，名异而实同，皆以藏亡僧骨植同归于一塔而名。《禅林象器笺·卷第二·殿堂类下》"海会"："亦是普同塔也。盖与海众同会于一穴也。"丛林以普同塔的形式，表示丛林住持与僧众生死不离的平等精神。《禅林象器笺》引《禅林僧宝传·宝峰英禅师传》云："呼维那鸣钟众集，叙行脚始末曰：'吾灭后火化，以骨石藏普通塔，明生死不离清众也。'言卒而逝"。又《禅林僧宝传》黄龙佛寿清禅师传云："公遗言藏骨石于海会，示生死不与众隔也"。临济祖庭黄檗山墓塔群中，即有葬众僧遗骨之普同塔。

禅僧墓塔，唯卵塔在形式上有其特指，而所谓"普同"或"海会"，皆只表示的是塔的性质，并不关及形式。然文献中也偶见住持与众僧分别合葬的大卵塔，据《禅林象器笺》引《林间录》云："云居佑禅师曰：'吾观诸方长老示灭，必塔其骸。山川有限，而人死无穷，百千年之下，塔将无所容。'于是于宏觉塔之东作卵塔曰：'凡住持者，自非生身不坏，火浴无舍利者，皆以骨石填于此。'其西又作卵塔曰：'凡众僧化，皆藏骨石于此。'谓之三塔"。如此的话，这里的卵塔，已是合葬墓塔，唯住持与僧众分别合葬于两塔而已。且其合葬的目的，已非普同塔的"示生死不与众隔"，而是出于"山川有限，而人死无穷"，

以此节省空间的目的而已。在此，丛林"普同"之初意，已趋淡化或背离。上文提及的湖北黄梅县四祖寺鲁班亭众生塔，或正是这类合葬卵塔，故称众生塔。

六　宋元以后禅寺墓塔的发展

禅宗视生活中的一切都是禅修的训练，并反映和表现在禅寺形态上，祭祀与墓葬即是其颇具特色的表现。然宋元以后，禅寺葬式日趋繁琐世俗，并逐渐加强了对住持的重视。为显要禅僧单独建塔，且其塔所逐渐演化成为寺内具有特殊性质的子院——塔院，并影响了此后中国佛寺的构成形式。而作为佛寺墓塔的卵塔、无缝塔及普同塔，尽管其初衷本意至后代大都已淡化和消失，然其形式背后的本质和内涵，仍可追溯于禅宗丛林的早期作法。

中国佛塔的形式丰富多样，禅宗通过无缝塔的形式，升华和丰富了传统墓塔的内涵与形式，形成了禅宗墓塔的新意境。创始于唐代禅宗的无缝塔，在发展中普及于其他诸宗及民间，在这一过程中，表现出本意淡化、初衷扭曲的倾向，并成为一种时尚，其关键是宋代卵塔将本无定形的唐代无缝塔的具象化与定型化。无缝塔这一事例，或也从一个角度反映了中国佛教寺院发展演化的倾向和特色。

参考文献：

[一] [宋] 普济：《五灯会元》，中华书局，1984 年

[二] 张驭寰：《中国塔》，山西人民出版社，2000 年

【非物质文化遗产视野下的营造技艺保护】

刘　托·中国艺术研究院建筑艺术研究所

摘　要：以中国传统木结构技艺体系，是以木材为主要建筑材料，以榫卯为主要结合方法，以模数制为设计方法和以传统手工工具进行加工安装的建筑技术体系。营造技艺包含设计（经营）和建造两重涵义，除作为核心内容的做法与工序外，还涉及相地选址、布局经划、尺寸权衡、结构构造、用料选配等方面，反映了中国传统建筑设计与施工、技术与艺术高度统一的特征。中国的传统营造不局限于营造技能，也包括建造过程中的仪式、禁忌等，已成为中国非物质文化遗产中传统手工艺的重要类别。中国传统木结构建筑营造技艺于2009年已经列入联合国人类非物质文化遗产名录，截止2015年年底，香山帮传统建筑营造技艺、徽派传统民居营造技艺等共四批35项营造技艺类项目被列入国家级非物质文化遗产名录。

20世纪以来，由于生活方式的演变和西方现代建筑方式的传入，中国传统建筑营造技艺受到现代建筑（材料、结构、营造方式）的冲击，随着近年来全球化和城市化进程的提速，加之建筑行业的工匠历来社会地位不高，传统建筑营造的从业人员急剧减少，传统营造技艺的传承受到威胁，需要全面加以研究和保护。

关键词：非物质文化遗产　营造　技艺　保护

2009年9月28日在联合国教科文组织保护非物质文化遗产政府间委员会第四次会议上，我国申报的"中国传统木结构营造技艺"被列入"人类非物质文化遗产代表作名录"（图1），随着非物质文化遗产概念的引入和非物质文化遗产保护工作的展开，传统建筑营造技艺和代表性传承人被列入保护范围，并得到政府和社会越来越广泛的关注。

图1　"中国传统木结构营造技艺"列入人类
非物质文化遗产代表作名录

一 非遗视野下的营造技艺

营造技艺有狭义和广义之分，狭义的营造技艺专指建造传统建筑的技术本身，广义的营造技艺的其内涵不但包含传统营建技术、工艺、手艺、技巧等，还包括与之密切相关的工具制作与使用，比如传统的运输方法、吊装方法、木材的采伐、石料的开采、砖瓦的烧制，金属构件的加工等；此外还包括营造工序的安排与流程，这其中即包括各工种之间的协作配合，也包括时间顺序上的合理安排和调度。营造技艺的外延还可扩展至相关的知识领域和文化习俗，前者如规划、设计、相地、工程管理等，这其中既涉及对生态环境的认知，如对气候、取水、排洪等，同时也包含对居住科学的认知，如防火、防尘、防沙、防潮、防震、防蚁、通风、采光、隔热等科学知识和经验总结。与营造技艺相关联的文化习俗包括建造过程中的仪式，如奠基、择日、立架、上梁、乔迁等（图2），也包括居住建筑中的一些禁忌

图2　上梁

和趋利避害的做法。技艺本身包含着技术与艺术两个方面，中国传统木构建筑的艺术风格与营造技艺互为表里，体现着中国传统文化中技与艺的合一，表现在结构与构造的结合，构造与装饰的结合，功能与艺术的统一。在营造技艺的构成要素和相互关系中，营是造的灵魂，"营"相近于今天所说的建筑构思与设计，是意匠经营。"造"是营的实践，也是技艺的载体和实现过程，体现了营造技艺动态、活态的特征，技艺通过造的过程得以传承。"技"包含了技能与技术两重内容，技能是通过训练后天获得的一种完成设定目标或任务的能力，如对设计、建造、修缮、维护等技术的熟练掌握。技术是为人的需要而创造的手段、方法的总和，包括工艺、经验、工具的系统知识，也包括材料、结构构造知识等。艺即工艺、手艺，是技的升华，是技术的艺术表达，是匠人对技术的个性理解与发挥。

作为非物质文化遗产的营造技艺与物质化的文物建筑不同，即关注对象是非物质的营造过程及其技艺本体，而不是作为技艺结果的建筑物。然而，"非物质"并不是和物质没有关系，只是强调技艺的非物质形态的特性。物质文化遗产视野中侧重建筑实体的形态、体量、材质；而非物质文化遗产视野中则侧重营造技艺和相关文化，它们相互联系、互为印证。通过建筑实体可以探究营造技艺，尤其对于只剩物质遗存而技艺消亡的对象；反之，也可通过技艺来研究建筑和构筑物。物质文化遗产和非物质文化遗产之间也可相互转换，当侧重建筑的类型学和造型

48

艺术时，即为传统文物意义上的物质遗产；而当考察其营造工艺、相关习俗和文化空间时，则为非物质文化遗产。"非物质"与"物质"是文化遗产的两种形态，它们之间往往相互融合，互为表里。这一属性在营造技艺中表现的十分充分，物质文化遗产视野中侧重建筑实体的形态、体量、材质；而非物质文化遗产视野中则侧重营造技艺和相关文化，它们相互联系、互为印证。通过建筑实体可以探究营造技艺，尤其对于只剩物质遗存而技艺消亡的对象；反之，也可通过技艺来研究建筑和构筑物。物

图3　建造戗角

质文化遗产和非物质文化遗产之间也可相互转换，当侧重建筑的类型学和造型艺术时，即为传统文物意义上的物质遗产；而当考察其营造工艺、相关习俗和文化空间时，则为非物质文化遗产（图3）。

　　营造技艺又被称为无形文化遗产，所谓无形也并非其没有"形式"，只是强调其不具备实体形态。传统营造技艺本身虽然是无形的，但技艺所遵循的法式也是可以记录和把握的，技艺所完成的成品则是有形的，而且是有意味的形式，形式中隐含和沉淀了丰富的文化内涵。非物质文化遗产又称为活态遗产，这反映了非物质文化遗产的重要特质，即强调文化遗产在历史进程中一直延续，未曾间断，且现在仍处于传承之中。非物质文化遗产的载体是传承人，人在艺在，人亡艺绝，故而非物质文化遗产是鲜活的、动态的遗产；相对而言，物质文化遗产则是静止的、沉默的。然而二者之间也仍然存在着非常密切的联系和转换条件，如一件建筑作品不但是活的技艺的结晶，而且其存续过程中大多经历不断的维护修缮，注入了不同年代、时期的技艺的烙印；它同时又是一件文化容器，与生活于斯的人每时每刻相互作用，实现和完成其中的活态生活，是活态不可或缺的文化空间。

二　营造技艺的源与流

　　与西方古代建筑艺术发展过程中变异性不同，中国古代建筑更似一个生命体的生长发育过程，但始终保持着自身的文化传统和艺术风格。人类建筑思想的进步及建筑技艺的核心价值并不主要在于建筑体量的雄伟和建筑

技术的精湛，而是在于人类如何在特有的自然环境和社会环境中选择最适当的建筑方式和艺术风格，来巧妙地应对自然与社会的需求。探求营造技艺的历史发展，在某种程度上也是探求人类应对这种需求和解决问题的经验。

就建筑技艺而言，秦汉时期是建筑造型的各项要素定型时期，建筑的轮廓、构成以及细部都呈现出中国建筑的体系特征和审美特征，奠定了中国古代营造技艺的基石，其技术成就和艺术造诣较为突出地体现在高台建筑、楼阁、佛塔等类型上。唐宋时期中国传统建筑技术与艺术进入到成熟时期，建筑的模数制度、建筑构件的制作加工与安装、以及各种装修装饰手法的处理与运用都趋向合理化、系统化。北宋崇宁年间颁布的《营造法式》反映了当时整个中原地区建筑技术的普遍水平，反映了工匠对科学技术掌握的程度，是一部闪烁着古代劳动工匠智慧和才能的巨著。明清两代的建筑技术已达完备，清雍正十二年颁行了工部《工程做法则例》，将清朝官式建筑的形式、结构、构造、作法、用工等用官方规范的形式固定下

来，形成了规制。在建筑设计领域，清代的宫廷建筑设计、施工和预算已由专业化的"样房"和"算房"承担，其中样房由雷姓家族世袭，称为"样式雷"，表明建筑设计已经走向了专业化、制度化。

由于中国历史悠久，地域广阔，民族众多，气候和地理条件差异很大，在长期的环境适应中和发明创造中形成了很多格局特色的技艺体系和建筑样式，这些不同技艺往往是和不同地区的气候条件、材料加工、居住方式、历史文化、民族习惯、地方习俗等等密切相关，如北方有窑洞、地窖院，南方有吊脚楼、杆栏建筑。有的地区如中原和江南地区虽然建筑类型及形态比较接近，但由于历史文化和地方审美情趣以及工匠的习惯做法不同，也形成了不同的流派，如苏州香山帮技艺、徽派技艺、闽南技艺、婺州技艺等流派。而即便一省，有时也因自然地理和文化地理的关系而形成不同的技艺流派或做法，如江西的赣北、赣中、赣南的营造技艺就有各自不同的风格和特点。截止目前，我国已经公布了四批35项涉及传统营造技艺的国家级非物质文化遗产项目（表1）。

表1　国家级营造类非物质文化遗产名录项目列表

批次	名称	类别	代表性传承人
第一批 （8项）	香山帮传统建筑营造技艺	技艺类	薛福鑫、陆耀祖
	客家土楼营造技艺	技艺类	徐松生
	景德镇传统瓷窑作坊营造技艺	技艺类	余云山
	侗族木构建筑营造技艺	技艺类	杨似玉

批次	名称	类别	代表性传承人
第一批 （8项）	苗寨吊脚楼营造技艺	技艺类	
	苏州御窑金砖制作技艺	技艺类	金梅泉
	徽州三雕（婺源三雕）	美术类	方新中、冯有进等
	临夏砖雕	美术类	
第二批 （17项）	砖塑	美术类	谢学运
	灰塑	美术类	邵成村
	建筑彩绘	美术类	李云义、李生斌
	临清贡砖烧制技艺	技艺类	
	官式古建筑营造技艺	技艺类	李永革、刘增玉
	木拱桥传统营造技艺	技艺类	董直机、郑多金等
	石桥营造技艺	技艺类	
	婺州传统民居营造技艺	技艺类	
	徽派传统民居营造技艺	技艺类	胡公敏
	闽南传统民居营造技艺	技艺类	王世猛
	窑洞营造技艺	技艺类	
	蒙古包营造技艺	技艺类	呼森格
	黎族船型屋营造技艺	技艺类	
	哈萨克族毡房营造技艺	技艺类	达列力汗·哈比地希
	俄罗斯族民居营造技艺	技艺类	张怀升
	撒拉族篱笆楼营造技艺	技艺类	马进明
	藏族碉楼营造技艺	技艺类	果洛折求

51

批次	名称	类别	代表性传承人
第三批 （6项）	清徐彩门楼	美术类	
	北京四合院传统营造技艺	技艺类	
	雁门民居营造技艺	技艺类	杨贵庭
	石库门里弄建筑营造技艺	技艺类	
	土家族吊脚楼营造技艺	技艺类	万桃元、彭善尧
	维吾尔族民居建筑技艺（阿依旺赛来）	技艺类	
第四批 （4项）	传统造园技艺（扬州园林营造技艺）	技艺类	
	古戏台营造技艺	技艺类	
	庐陵传统民居营造技艺	技艺类	
	古建筑修复技艺	技艺类	

三 营造技艺的价值

作为非物质文化遗产营造技艺，其价值是多方面的。联合国教科文组织在《宣布人类口头和非物质遗产代表作条例》中指出：非物质文化遗产是"从历史、艺术、人种学、社会学、人类学、语言学或文学角度看，具有特殊价值的民间传统文化的表现形式"，评价非物质遗产的价值时应考虑"是否扎根于有关社区的文化传统或文化史；是否起到证明有关民族和文化群体的特性作用，是否具有灵感和文化间交流之源泉以及密切不同民族和不同群体之间的关系的重要作用，以及目前对有关社区是否有文化和社会影响；是否具有作为一种活的文化传统的唯一见证的价值"，依

此我们可以建立起评判营造技艺价值的标准，这其中主要包括科学、社会、艺术等方面的价值。

传统建筑具有重要的科学价值，建筑不是建筑材料的随意拼装组合，而是以一定的结构方式得以实现的，这种建构的组成是依据人们对自然规律的理解和科学知识的应用。建筑是人们建造活动的物化形式，凝聚了人的创造和智慧，营造技术包括工艺、材料、工具的系统知识，也包括防灾减灾、趋利避害、宜居便生的知识与技术措施。建筑同时具有深刻的社会与民俗价值，由这种传统技艺所构建的建筑与空间体现了中国人对自然和宇宙的认识，反映了中国传统社会等级制度和人际关系，折射着中国人的行为准则和审美取向。传统建筑是手工技艺的艺术

结晶，其作品不但给人们带来艺术享受，其技艺展示的过程往往也具有一定的审美功效。古人是把一座建筑当作一个完整的有机体加以看待的，有机体中的每一部分都有其功能意义，同时也有其美学意义，不但形体是美的对象，而且形体内在的结构过程同样也是美的因素，体现了古人对于审美体验的自觉（图4）。

图4　雕梁画栋体现审美

四　营造技艺的传承与保护

中国传统木结构建筑营造技艺的传承人和从业者以民间工匠为主，在传统社会中，建筑行业的社会地位不高，匠人多隶属于官办或民办的作坊，今天的建筑工匠多从业于政府或民间的古建工程公司。传统营造技艺主要是通过师徒授受和口诀传承，往往子承父业，世代相传，延承至今。20世纪以来，由于生活方式的演变和西方现在建筑方式的传入，中国传统木结构建筑营造技艺受到现代建筑（材料、结构、营造方式）的冲击，从业人员急剧减少，一些传统技艺失传或濒危，然而传统木结构建筑作为一种文化与景观建筑类型还依然有特定的社会需要和生存空间，传统木结构建筑营造技艺至今也仍应用于古建筑维修和庙宇、宫殿等仿古建筑的营造中。近年来，随着全球化和城市化进程的提速，我国的文化生态正发生巨大变化，文化遗产的存续受到猛烈冲击，包括营造技艺在内的一些依靠言传身教进行传承的非物质文化遗产正在迅速消失，许多传统技艺濒临消亡，加强营造技艺的保护刻不容缓，并应在保护中坚持以下相关原则：

一为整体性原则，一方面是同时兼顾物质与非物质，动态与静态，有形与无形的紧密联系，保护一方同时不应忽略另一方，虽然我们今天强调的是针对非物质文化遗产保护，但随着我们对文化遗产认识的深入和保护的有效性，必然会走向整体保护的层面和高度，特别是针对营造技艺这类本身具有整体性特征的遗产对象。另一方面是传统建筑文化中本身中就包含有多方面的非物质文化遗产内容，不唯营造技艺一项，比如选址、构成、布局等涉及宇宙、自然、社会诸方面的认知；城市和社区广场、村寨水口、廊桥等空间场所及所举行的各种民俗、祭祀、礼仪活动（包括庙会）构成了典型的文化空间；各种匠作技艺及附属的传统技艺；伴随营造活动过程中的各种禁忌、祈福等信俗活动。这些内容实际上都依附于传统建筑空间及营造活动过程中，相互关联，形成一个整体。

二为活态性（传承性），活态保护与整体相关，即整体保护中涉及到活态与静态保护的有机统一，但这里的活态保护主要强调的是一种积极的介入性保护手段，即将保护对象还原到一个相对完整的生态环境中进行全面保护，或称之为活化。着其中即包括对传承人及传承活动的保护，也包括建造过程和建造生态的保护，以及建筑原有存续空间也环境、文化氛围的保护。活态保护还包括动态的保护，文物或历史建筑在存续过程中作为一个活体记录着历史的变迁，折射了社会种种观念，它们是遗产的组成部分，保护遗产也应保护其中变迁的信息。

三为建造性（生产性）（图5），相对一般性手工技艺的生产性保护，营造技艺有其特殊的内容和保护途径。有别于古代大量的营造技艺实践，当今营造技艺已经局限在小量特殊项目，然而旧有传统建筑的修缮却是量大面广，并且具有持续性特点，如果我们把握住传统建筑修缮过程中营造技艺保护，将会有效地将营造技艺传承好，保护好。这其中有两方面的工作可以探讨和实

图5　营造技艺的建造性

践。一是在文物建筑保护单位中划定一定比例的营造技艺保护单位（可挂牌），规定其保护内容涵盖非物质文化遗产的保护内容，由文物部门和文化部门协同制定保护标准，要求挂牌单位行使物质与非物质保护的双重职责，无论复建，抑或修缮将完全遵照传统材料、传统工序、传统技艺、传统工具、传统习俗，甚至原使用功能和方式，体现文化遗产的原真性、使之同时成为非物质遗产保护的活化石和标本，这样即增加了保护对象的类型和层次，也增加了保护本身的深度和维度。

对营造技艺的保护是对传统建筑保护的纵深延展，表明当今保护的视野更全面，高更开阔，也是我们保护理念和认知不断深化进步的必然结果。就保护的途径及手段而言，我们更赞成广义的保护，即一切有利于保护的措施和办法，诸如本体、环境，以及数字化、传播等，让我们这份珍贵的非物质文化遗产传之久远。

（本文系"木构建筑文化遗产保护与利用国际研讨会"交流论文。）

54

【金门传统建筑大木作与瓦作匠艺：兼论非物质文化遗产的传承】

江柏炜·台湾师范大学东亚学系

摘　要：建筑始于满足人类遮风避雨之基本需要，在古代文化的发展过程中，逐渐成为心理庇护、舒适愉悦、权力象征的居所。匠师是中国传统建筑的创作者，其建筑技艺是一种珍贵的无形文化遗产，他们肩负起择地、测量、设计、取材与施工的重任，一幢传统建筑的完成，需集合包含许多匠师之心力。金门作为闽南地域文化之一，保存了完整的宗族聚落与建筑匠艺。

金门地区的传统建筑匠师主要工项有六类：大木司、小木司、石司、土水司、彩绘司、泥塑司。本文以福建金门为例，引介其传统民居建筑之特色，进而探讨大木作为主的建筑匠艺的养成、施工程序；最后从遗产保护的观点，讨论做为非物质文化遗产的传统大木作匠艺，其所面临的保存课题及其可能对策。

关键词：地域文化　民居建筑　技术史　文化遗产保护

一　金门传统建筑的特色

建筑之初，始于满足人类遮风避雨的基本需要，在文明的发展历程中，逐步成为追求心理庇护、舒适愉悦、权力象征的居所。建筑的生产，先受制于自然环境的诸多条件，继而因不同的政治制度、经济体系、社会组织、思想文化、军事需要、宗教信仰、工艺技术等而有所差异。汉民族为主的中国建筑，源远流长。尽管有一统的体系，但是因应不同之地理环境、经济生产、人文风俗的文化圈，仍发展出文化风格殊异的地域建筑。闽南建筑即为其中一系[一]。金门又是其中保存最完整的地区[二]（图1、2）。

而形成这种地域建筑的关键之一，就是非物质文化遗产（Intangible Cultural Heritage）的建筑匠师及其技艺。匠师是传统建筑的创作者及营造者，肩负起择地、测量、设计、取材与施工的重任。在现代工程技术与营造体系进入之前，一幢闽南建筑大体上分为大木、小木（细木）、石作、

[一]曹春平：《闽南传统建筑》，厦门大学出版社，2006年。

[二]江柏炜：《大地上的居所》，金门国家公园管理处，1998年。

55

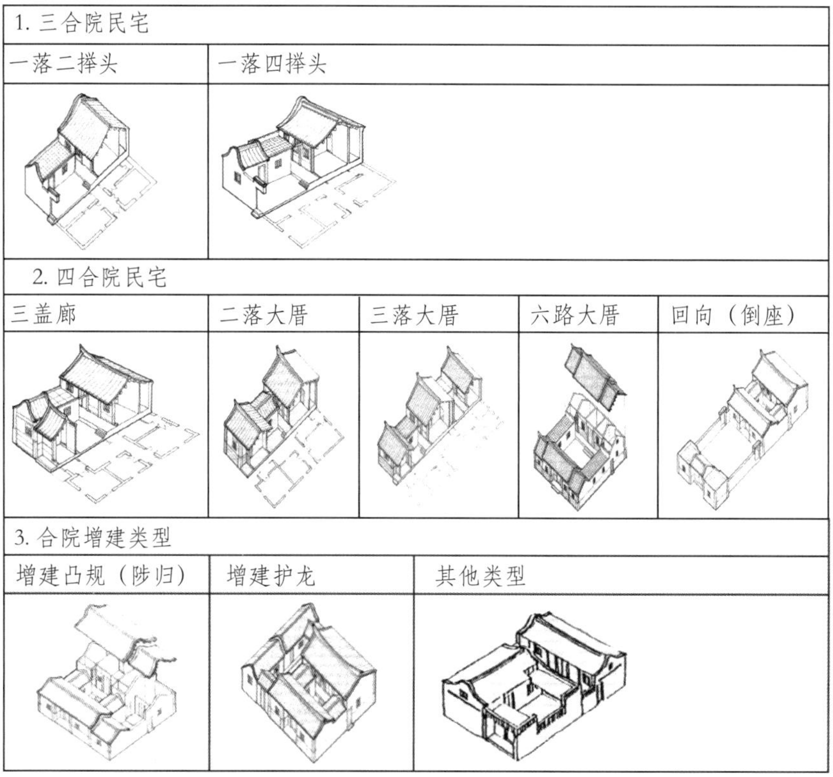

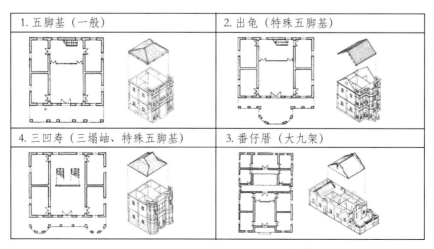

1. 三合院民宅				
一落二撑头	一落四撑头			
2. 四合院民宅				
三盖廊	二落大厝	三落大厝	六路大厝	回向（倒座）
3. 合院增建类型				
增建凸规（陟归）	增建护龙		其他类型	

图1　金门传统合院建筑类型

1. 五脚基（一般）	2. 出龟（特殊五脚基）
4. 三凹寿（三塌岫、特殊五脚基）	3. 番仔厝（大九架）

图2　金门近代洋楼建筑主要类型[一]

土水、彩绘、泥塑等为主的工项，匠师们各司其职。

[一] 江柏炜：《金门洋楼：一个近代闽南侨乡文化变迁的案例分析》,《"国立"台湾大学建筑与城乡研究学报》第二十期，台湾大学建筑与城乡研究所，第1～24页。

二 传统建筑的核心技术：大木匠艺养成及其工序

（一）大木作匠师的角色

中国建筑的显着特征，即是木构架系统。因此，作为传统建筑的灵魂人物"大木作匠师"是受委托兴建建筑物的主要人物，他们必须评估业主的要求与预算、建筑基地的大小规模之后，拟定全程的作业计划、统筹所有建筑材料、指挥、调度与验收，还需要协调或雇用其他匠师与工人来配合。大木作匠师主宰建筑物的重要尺寸，并决定施工程序，其身份可比拟现代的建筑师一般，但其工作范畴又比建筑师广一些。进一步说，除了形制、寸白的决定外，他们还需要动手操作建筑主要结构木料之制作及安置。一般来说，金门传统建筑的兴建流程，其步骤如图3；大木作匠师的角色则为图4所示。

（二）金门大木作匠师的养成

大木作匠师的专业养成过程，自学徒做起，其匠艺养成至少得花三年四个月的时间。学艺阶段结束后，方能独当一面（表1）。

表1 大木作匠师专业养成过程

	养成过程	内容
1	入门拜师	徒弟拜师。多有正式收徒仪式，并尊奉先师（鲁班公）。
2	学艺期程	1.小徒弟：负责工地杂物整理，学艺期间无支薪，但吃住都由师傅负责。 2.基本工：开始能协助制作局部木作构材时，可以支领少许零用金可领。 3.试作：可独立负责局部木作构材之际，可领半薪。
3	出师标准	1.刚出师门的大木作匠师，大部份会留在师傅门下续继熟练匠艺，逐步负责大部份大木作工作，大多数可领到全薪。 2.能制作出个人使用墨斗及执鲁班尺（篙尺），并划出建筑图。
4	执业	1.熟练匠艺后，能独当一面，可执鲁班尺，独立创业，成为大木作匠师，亦可开始收徒。 2.部分匠师会跨行再学其他工项，如小木作、土水作等。

数据源：本研究调查

57

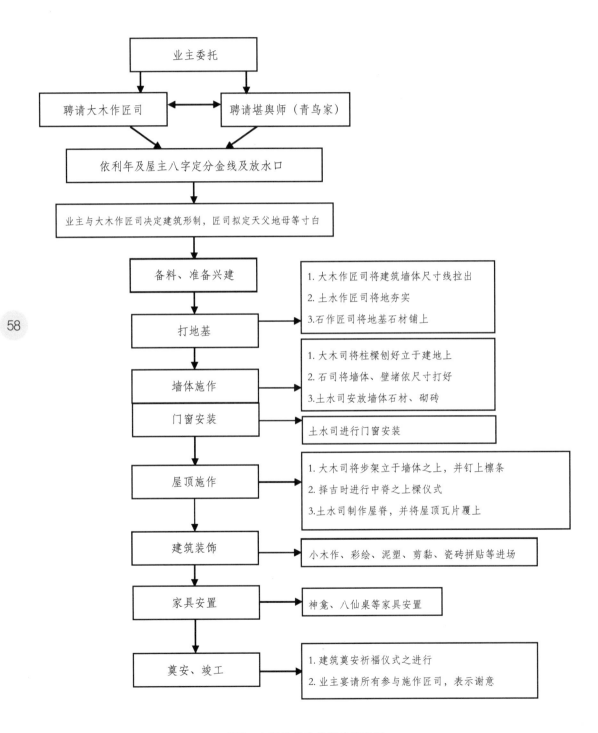

图3 金门传统建筑兴建流程图

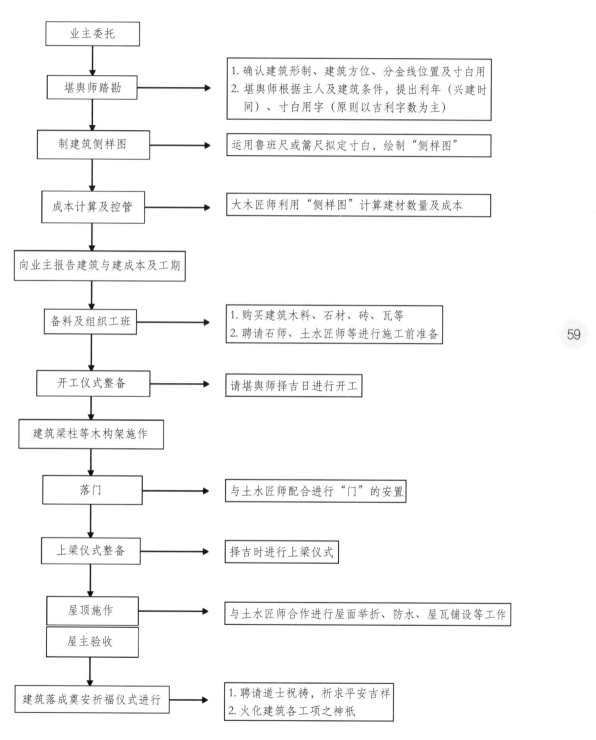

業主委托

堪舆师踏勘 → 1. 确认建筑形制、建筑方位、分金线位置及寸白用
2. 堪舆师根据主人及建筑条件，提出利年（兴建时间）、寸白用字（原则以吉利字数为主）

制建筑侧样图 → 运用鲁班尺或篙尺拟定寸白，绘制"侧样图"

成本计算及控管 → 大木匠师利用"侧样图"计算建材数量及成本

向业主报告建筑与建成本及工期

备料及组织工班 → 1. 购买建筑木料、石材、砖、瓦等
2. 聘请石师、土水匠师等进行施工前准备

开工仪式整备 → 请堪舆师择吉日进行开工

建筑梁柱等木构架施作

落门 → 与土水匠师配合进行"门"的安置

上梁仪式整备 → 择吉时进行上梁仪式

屋顶施作 → 与土水匠师合作进行屋面举折、防水、屋瓦铺设等工作

屋主验收

建筑落成奠安祈福仪式进行 → 1. 聘请道士祝祷，祈求平安吉祥
2. 火化建筑各工项之神祇

图4　大木作匠师主要工作流程

59

近代以来，金门大木作匠帮的传承可分为五大支系，分别为后浦东门王氏大木工匠群、榜林张氏大木工匠群、沙美张氏大木工匠群、成功陈氏大木工匠群以及盘山顶堡翁氏大木工匠群。一般来说，是一种血缘宗族与业缘职业帮群的结合（图5）。

（三）主要构件之施作顺序[一]

金门传统建筑的大木作，主要构件的施工顺序如下：

1. 中梁制作工序（图6～11）

（1）将木楹固定至于"马椅"上，以墨斗之楣笔与水平尺定出木楹端部中心点，再以楣笔与曲尺绘出端部中心线（分中）。

（2）再以楣笔与水平尺定出木楹另一端部中心点，再以楣笔与角尺绘出端部中心线（分中）。

（3）将墨斗之钉部固定于木楹端部中心位置，再以左手稳握墨斗拉线至木楹另一端部紧压墨线于中心位置后，弹拉墨线（直上直下），即定出木楹之中心线。

（4）端部中心线于顶部往下1寸处标记并以曲尺绘出水平线，再于平行中心线左右各1寸以曲尺固定绘出两垂直线，再以顶部端点及水平线与垂直线之交错点绘出两侧"加水线（水卦）"位置；依同步骤绘出另一端部"加水线（水卦）"，再以两端部"加水线"位置为依据弹墨线，即定出以斧该削平放置榫之处。

（5）后于木楹端部于底部往上1寸处标记，再由左右端部往内侧于水平线上0.5寸处标记，再以墨斗钉部固定木楹端部中心点，拉出墨线以楣笔为依托绘出链接三标记处之

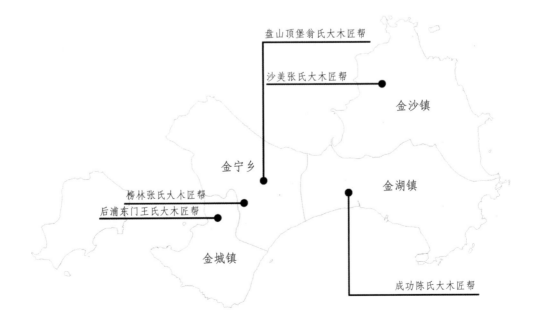

图5　金门主要大木作工匠群之分布

[一] 本部分之内容出自金门大木匠师翁水千之口述访谈，2016 年 8 月 20 ～ 30 日、2017 年 6 月 2 ～ 17 日，金门。

图6　曲尺放样

图7　墨斗标记

图8　抛弹墨线放样

图9　用斧镍削木材

图10　刨平中梁斜面

图11　中梁初步完成

弧线，依同步骤绘出另一端部之弧线，再以木楹两侧端部的底部往上1寸之水平与木楹圆弧两侧交错点为依据，后固定一端稳握墨斗拉线至木楹另一端向外抛弹墨线（"扮线"），即定出中梁"橄榄肚"样貌与描绘八卦之相对位置。

（6）先以斧顺向削木楹上端部两侧，遇木结处则以斧反向削除木结，后以刨刀刨平木楹上端部两侧即可。

（7）以斧削木楹下端部两侧面与木楹面之放样位置，以斧削至木楹方

贰·营构技艺

角出现后，再以墨线放样削除方角，重复墨线放样削除动作直至方角情况消失，则出现木楹之"肚身"，即为木楹处理成中梁"橄榄肚"之样貌。

2. 榫头制作工序（图12～19）

（1）将木楹固定至于"马椅"上，以墨斗之楣笔与水平尺决定出木楹端部中心点，再以楣笔与角尺绘出端部中心线（分中）。

（2）再以楣笔与水平尺定出木楹另一端部中心点，再以楣笔与角尺绘出端部中心线（分中）。

（3）将墨斗之钉部固定于木楹端部中心位置，再以左手稳握墨斗拉线至木楹另一端部紧压墨线于中心位置后，弹拉墨线（直上直下），即定出木楹之中心线。

（4）端部中心线于顶部往下1寸处标记并以曲尺绘出水平线，再于平行中心线左右各1寸以曲尺固定绘出两垂直线，再以顶部端点及水平线与垂直线之交错点绘出两侧"加水线（水卦）"位置；依同步骤绘出另一端部"加水线（水卦）"，再以两端部"加水线"位置为依据弹墨线，即定出以斧该削平放置榫之处。

（5）以斧削木楹上端部两侧，并以刨刀刨平木楹上端部两侧。

（6）木楹以上端部中心线为依据，由外向内1寸处标记，并以楣笔与曲尺绘制间距1寸平行之线条，再向内绘制间距2寸平行之线条；于由木楹端点中心线向内3寸处之左右两侧1寸处标记，另于木楹端点中心线向内1寸处之左右两侧7.5分处标记，将两标记点以楣笔与曲尺绘制联机，即定出内宽外窄之母榫

样貌。

（7）于木楹端部由上向下3.5寸标记，此标记为依据以楣笔与曲尺绘制一水平线，即定出锯子由上至下锯切面位置。

（8）先以锯子由上至下锯切至放样位置，并以槌子与凿子凿除放样面，即公母榫搭接处；于中心线向内3寸放样处与两侧端点放样处以锯子锯出一开口，后以槌子与凿子于放样处由上而下凿至3.5寸位置，后以凿子削出内外导角，即凿出一内宽外窄之母榫头。

（9）于木楹端部由上向下2.5寸标记，此标记为依据以楣笔与曲尺绘制一水平线，于水平线两侧6分处标记，而内侧于7分处标记，两链接线外即为凿除处；将木楹翻转端部由上向下3.5寸标记，此标记为依据以楣笔与曲尺绘制一水平线，即定出锯子锯切面位置，即定出内窄外宽之公榫样貌。

（10）先以锯子由上至下锯切至放样位置，并以槌子与凿子凿除放样面，即公母榫搭接处；并将木楹端部由上向下2.5寸水平线两侧6分处及内侧7分处联机，后将两连结线

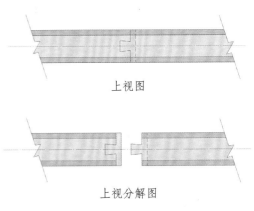

上视图

上视分解图

图12　榫接构造图

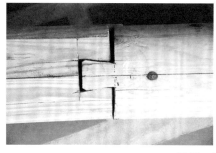

图13 榫接情况

图14 榫头施作放样

图15 锯齐至放样线面

图16 导角施作

图17 母榫施作

图18 以凿子修饰出导角

图19 榫头完成

外以锯子锯除，后以凿子削出内外导角，即凿出内窄外宽之公榫头。

3.榫筒制作工序（图20～25）

（1）将欲制作榫筒之方木固定置至于"马椅"上。

（2）于方木上端以楣笔绘出欲放置榫（榫不可为24支）之3寸间距线，再于一边线内侧2分处之点与直线外侧之点相连，另一边依同步骤绘线，斜线内即为欲凿除置榫处，两斜线之做法为便于调整于屋架上放置之榫。

（3）于方木前端以楣笔绘出由上而下1寸间距之直线。

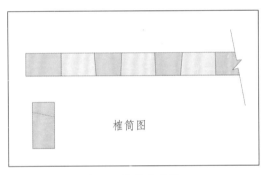

图20　榫筒构造图

图21　榫筒造型

图22　以曲尺于木构件上放样

图23　以锯由上而下锯切放样线

图24　将凿子置于3寸间距置中处凿除

图25　榫筒完成

（4）于方木后端以楣笔绘出由上而下6.5分间距之直线。

（5）方木前后端凿除即为符合"加水线（水卦）"斜率之置椽斜平面

（6）先以锯由上而下依放样之斜线锯至欲凿除处。

（7）后以槌子与凿子于方木前端1寸与方木后端6.5分处刻划凿痕（凿子不提起，形成一连续之断面线），并将凿子置于置中处即可易凿除欲凿除处。

（8）凿除至呈现一斜平面后，再以宽版凿子修饰两侧与底部凿面，即为欲放置椽之椽筒。

4.捧檐制作工序（图26～33）

（1）将方木楹固定置至于"马椅"上。

（2）由方木楹由外向内1寸处标记，并以楣笔与角尺向下绘制一垂直线。

（3）于垂直线上而下2寸处标记，并以楣笔与角尺绘制一水平线。

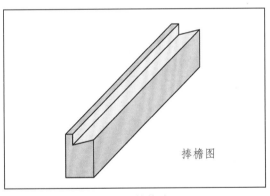

图26 捧檐构造图

图27 捧檐

图28 放样情况

图29 放样后之木材标记

图30　以斧削除放样后之木材

图31　捧檐完成

图32　捧檐于屋架上之情况

图33　屋架上的捧檐、木楹、木榫、榫筒

（4）于水平线向内1寸处标记，并以榫笔与角尺向上绘制一垂直线。

（5）于垂直线下而上4.5分处标记。

（6）方木楹由外向内1寸再向下2寸及向内1寸之交错点再与向内1寸垂直线向上4.5分处标记点，两点以榫笔与曲尺相连结，呈现一梯形状，另一端依同步骤放样，后将墨斗之钉部固定于方木楹端点位置，再以墨斗拉线至方木楹另一端部紧压墨线于另一端点后，弹拉墨线（直上直下），即定出捧檐样貌。

（7）依捧檐放样之墨线所呈现之梯形状以斧刨除，直至削除面平整且达到"加水线（水卦）"斜率即可。

三　大木匠艺的设计观

传统建筑营造中空间知识呼应了顺天应时的观念，是人、建筑物与环境共生的一种和谐关系之营造，以及宗法伦理尊卑位阶的展现。因此，大木匠师在考虑空间形制时，必须谨慎决定尺寸及比例计划，以符合传统文化之要求[一]。我们接下来以顶堡翁氏所藏的《翁德定寸白簿》[二]为例，讨论方位朝向及尺寸两种涉及大木匠艺的设计观。

1.方位与朝向之规制：门向与水向

传统建筑的门与水流之方向性，至关重要，会影响宅第主人与亲族发展。在《翁德定寸白簿》的观念大致接近，亦有阴阳、九星卦例、九紫星例、五行卦例、天父卦、地母卦与九星断绝之法。其中，阴阳透过空间形式来分辨，或透过空间方位（二十四山）之坐向属性定出，十二方位属阳，十二方位属阴。一般来说，匠师择定屋宅坐山、门向与水向属阳之概念。

在"放水""行门"吉凶规制之法中，进一步谈到天干地支属性，基本上放水要朝向六阳干，而门方位要在六阳支上安置，即所谓之"纳甲法"。《翁德定寸白簿》口诀为：

> 乾纳甲　坤纳乙　艮纳丙　巽纳辛
>
> 坎癸申子辰　离壬寅午戌
>
> 震庚亥卯未　兑丁巳酉丑

传统建筑大木匠师所提之"放水"是营造屋宅时，为确立建筑物排水方向、方式与出水口位置的选定之法；传统风水概念中，"水"具有藏气与财之象征，如何不让屋宅放水快速流出，十分重要，"千银起厝，万银放水"的俗语说可为例证。

另外，《翁德定寸白簿》的九星卦例、九紫星例、天父卦、地母卦与九星断绝之法则为另一种放水吉凶判断之依据，如贪狼、巨门、武曲为吉。

> 九星卦例
>
> 贪（贪狼）巨（巨门）禄（禄存）文（文曲）廉（廉贞）武（武曲）破（破军）辅弼。
>
> 天父卦
>
> 乾弼离破军，兑贪震巨门；巽廉艮武曲，坎文坤禄存。
>
> 地母卦
>
> 乾甲巨坤乙破艮两文巽辛弼，离壬寅午戌廉坎癸申子辰武，兑丁酉丑禄震庚亥卯未辅。

2. 大木构架尺寸规制：尺白与寸白

匠师所认知的尺寸，通常是指大木构架的构件间之尺寸关系，如中脊（底）至厅地坪面的高度、主要墙身的面宽与长度、主要空间之重要屏隔之高度、次要空间之高度、附属空间之长度与宽度等；而匠师口诀重视所谓"有白""合白"与"合字"，这些就是相关尺寸须符合吉利尺寸的意思。基本上金门传统民居之大构件符合吉利尺寸即可，但如为宗祠或宫庙则大构件与小构件的尺寸则皆讲究符合吉利尺寸。

以高度尺寸来说，所谓的天父是中脊至地坪的垂直高度（高卑），

[一] 林会承：《台湾传统建筑手册－形式与作法篇》，台北：艺术家出版社，1995年；江锦财：《金门传统民宅营建计划之研究》，台南：成功大学建筑研究所硕士论文。

[二]《翁德定寸白簿》可推溯至1920～1930年间，透过翁德定匠师传至其侄翁金玉匠师，再传至翁水千匠师。现存的寸白簿为翁水千匠师于1960年代重誊版本。（江柏炜主持，《金门传统大木作、瓦作保存技术调查记录计划》，文化部文化资产局委托研究，金门大学调查研究，未出版。）

地母是四点金柱前后的水平距离（阔狭）。

《翁德定寸白簿》提到：

天父卦（论高卑）

乾甲弼坤乙禄，艮丙武巽辛廉，

离壬寅武戌破，坎癸申子辰文，

兑丁巳酉丑贪，震庚亥卯未巨，

乾弼离破军，兑贪震巨门，

巽廉艮武曲，坎文坤禄存。

如乾甲一尺弼二尺贪，余仿此以配卦论用。

地母卦（论阔狭）

乾甲巨坤乙破，艮丙文巽辛弼，

离壬寅午戌廉，坎癸申子辰武，

兑丁酉丑禄，震庚亥卯未辅。

如乾二山五尺武九尺贪，余仿此以配卦论用。

而二十四山盖屋法是标注出二十四山方向坐落，另规范应遵守准则及屋宅空间之相对关系，以符合前低后高、坐山观局之概念，并避开路冲等不利之配置方式。其口诀为：

甲山盖屋

甲山庚向盖屋虎边不用路巷虽不冲时亦不为吉龙边不用楼舍虽少空露亦不为凶左右护厝项制饶龙边不用局楼虎边项相亲厅宜高一丈四尺九寸高露风生白蚁天井深一尺九寸门行坤申辛上不行元辰水放巳丙相兼厝后宜低不宜添土高则尽阳主败丁

库未　劫未亦劫丙　曜申辰　生亥

乙山盖屋

乙山辛向盖屋接气龙土亦无妨屋后露风不怕俱土不宜太高风僚必有宜偏射白

虎有路巷不拘横直不吉项要护厝遮栏正厝宜高一丈八尺三寸广亦如之天井宜二尺三寸水从申上灌门向亥上行前明堂不欲池塘右边不许开厕

库戌　劫申　曜申　生亥

寸白簿亦牵涉各类型屋宅形制的构造法，如七架厝构造法、小九架厝构造法、九架厝构造法、大九架厝构造法、十一架厝构造法、十三架厝构造法、十五架厝构造法等屋宅形式之构造法。而各架厝构造法中也载明屋身、撑头、深井（埕）、巷路、牌楼、廊等的相互关系与规划原则。口诀为：

论小九架厝构造法

高可用一丈八尺，阔可用一丈四尺，深可用一丈九尺，房可用七尺

寿堂四尺，尾撑用九尺，总深五丈一尺……

论七架厝法

高可用一丈三尺零或是丈四为止，所配阔一丈三尺零或是丈四为止

房可配阔九尺，深可配丈四或丈五……

论九架厝法

高配丈五或丈六为止，所阔配丈四或丈五为止，房阔配八尺或九尺为止

深配二丈或二丈七尺为止……

除符合"尺白"吉凶规范外，"寸白"部分亦须符合；而"寸白"部分的吉凶原则、方式则与"尺白"类似，但依据的是另一种判断准则，即是将数字与方位（二十四山与八卦）相结合；其中显示一白、六白、八白为吉，九紫为次吉，其余皆为凶；因此

在择寸白之吉凶尺寸时以选择一白、六白、八白为主（表2）。而"寸白"部分之口诀也分为天父寸白、地母寸白，即垂直尺寸与水平尺寸须符合吉凶尺寸的情况（表3）。

二十四山盖屋法

壬山离卦

天父一尺起破军寸白起八白一三八，

地母一尺起廉贞寸白起二黑五七九

子山坎卦

天父一尺起文曲寸白起二黑五七九，

地母一尺起武曲寸白起五黄二四六

癸山坎卦

天父一尺起文曲寸白起二黑五七九，

地母一尺起武曲寸白起五黄二四六

丑山兑卦

天父一尺起贪狼寸白起九紫二七九，

地母一尺起禄存寸白起四禄三五七

艮山艮卦

天父一尺起武曲寸白起六白一三五，

地母一尺起文曲寸白起八白一三八

表2　数字与八卦相结合情况

一白（吉）	二黑	三碧	四绿	五黄	六白（吉）	七赤	八白（吉）	九紫（次吉）

表3　天父寸白与地母寸白相对关系

天父寸白	坎二黑五七九	坤三碧四六八	乾四禄三五七	巽五黄二四六	艮六白一三五	震七赤二四九	离八白一三八	兑九紫二七九	乾一白一六八
地母寸白	乾一白一六八	离二黑五七九	震三碧四六八	兑四禄三五七	坎五黄二四六	坤六白一三五	巽七赤二四九	艮八白一三八	兑九紫二七九

四 结语：匠艺是非物质文化遗产不可忽视的价值

1.重新认识匠艺价值

金门素以闽南聚落、传统建筑之完整性著称，形成鲜明的地域特性，这些人文环境所孕育的生活方式与价值观，不仅是文化认同的根本，更是文化旅游的重要资源，而历史风貌的传承正是传统匠师之技艺与艺术的具体展现；因此，今日我们在传统建筑修复上，需要重新认识匠师的价值，并重视其传承。

2.技艺保存与传承

匠师的巧能技艺是传统建筑艺术幕后主要的功臣，但是中国素来"重道轻器"的观念，使得匠师的巧艺未受到重视，因此自古以来匠师都是靠着自己的能力自行解决技艺传承问题，故如金门匠师有"传子不传外"的观念。许多匠师逐渐凋零，因时间、空间的变迁，致使技艺逐渐失传。如何建立经久可行之传统建筑匠师制度，使其法治化、专业化、技术化，并提高匠师的实质收入及社会地位，有其必要性。

匠艺的复兴是文化遗产保存及可持续发展的根本，值得我们重视。

（本文系"木构建筑文化遗产保护与利用国际研讨会"交流论文。）

参考文献：

[一] 江锦财：《金门传统民宅营建计划之研究》，台南：成功大学建筑研究所硕士论文，1992 年。

[二] 江柏炜：《大地上的居所》，金门：金门国家公园管理处，1998 年。《金门洋楼：一个近代闽南侨乡文化变迁的案例分析》，《"国立"台湾大学建筑与城乡研究学报》第二十期，台北：台湾大学建筑与城乡研究所，2012 年，第 1～24 页。

[三] 江柏炜主持：《金门传统大木作、瓦作保存技术调查记录计划》，文化部文化资产局委托研究，金门大学调查研究，未出版，2013 年。

[四] 林会承：《台湾传统建筑手册·形式与作法篇》，台北：艺术家出版社，1995 年。

[五] 曹春平：《闽南传统建筑》，厦门：厦门大学出版社，2006 年。

【欧洲18世纪的宗教、教育及桁架建造】

Religion, education and truss construction in eighteenth-century Europe

[美]汤姆·彼得斯　美国里海大学建筑艺术系

Tom F. Peters　　Architecture and History, Lehigh University, USA

摘　要：桥的发展史并不是连续的。有时发展会停滞，有时又会出现突变，带来大量的创造性活动。18世纪的欧洲就曾见证过突变，当时，木桁架桥飞速地从原始的棒结构发展出了复杂的系统，并最终成了现代桁架钢桥的基础。这一发展几乎只出现在说德语的国家，而不是法国和英国等技术上最先进的国家。截止到目前，历史学家都未能解释这一现象，但他们并没有探讨宗教对技术教育的影响。我认为宗教可以解释这一突发的创新为何发生，又是如何发生的，这也可以在其他文化中提供一个解释，可能同样适用于中国。

关键词：木行架桥　欧洲　宗教　教育

Bridge development is not linear. In especially active periods a sudden burst of creativity can occur. This happened in eighteenth-century Europe when wooden truss bridges quickly developed from primitive structures into complex systems that became the basis for our modern bridges. Curiously this happened chiefly in German-speaking countries although they were not the technically most advanced nations at the time. I will try to explain why and how this happened. Perhaps the reason can provide an explanation for other bursts of development too.

The earliest published images of truss bridges（Fig.1-3）that we know were in a book by the Italian architect Andrea Palladio (1508-1580)（Fig.4）in 1570 [1]. The images he showed are so sophisticated that we must presume a long prior development. He wrote that a friend had seen them in Germany. They impressed Palladio so much that he designed one himself, a small span over the Brenta River in northern Italy, but we have no evidence that he actually built it. About a century later, the French engineer François Blondel (1618-1686) reported seeing an identical truss bridge to one of those that Palladio had published in a

71

[1] I Quattro libri dell'architettura, 1570 Venice

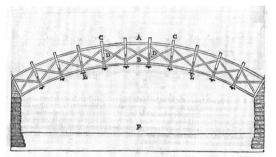

Fig.1　Palladio 1570

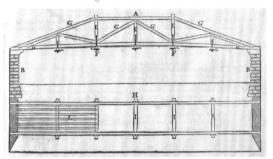

Fig.2　Palladio Cismon 1570

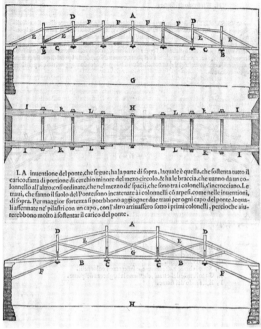

I. A inuentione del ponte,che fegue;ha la parte di fopra , laquale è quella,che foftenta tutto il carico,fatta di portione di cerchio minore del mezo circolo.& ha le braccia,che uanno da un colonnello all'altro,cofi ordinate,che nel mezzo de' fpacij,che fono tra i colonnelli,s'incrociano.Le traui,che fanno il fuolo del Ponte fono incatenate a i colonnelli cõ arpefi,come nelle inuentioni, di fopra. Per maggior fortezza fi potrbbono aggiogner due traui per ogni capo del ponte,lequali affermate ne' pilaftri con un capo,con l'altro arriuaffero fotto i primi colonnelli , percioche aiuterebbono molto à foftentar il carico del ponte.

Fig.3　Palladio 1570

· Fig.4　Palladio

German-speaking city in Estonia [1] . We do not know whether it was the same one or another of the same type. The question presents itself what the reasons were that the less developed German-speaking countries were apparently more "modern" at the time than France and England that were the European leaders in technology.

What we do know is that the major nations, France and England had used up their large forests to build ships for trade and war, while the German lands were smaller. Most had no access to the sea and thus still had their large forests intact, and some of them were also pioneers in developing schools of forestry. There were many German-speaking countries at the time. Most of them were small, and could not afford large navies that would have used up their trees. Germany was not one nation, but a group of 294-328 lands. Some were kingdoms and principalities. They ranged in size from Austria to tiny Nassau [2] , some were free states like the Swiss cantons and the Hanseatic league of cities, and some were free cities and city-states like Frankfurt or Strassburg [3] , and each small country had its own culture and religious affiliation that strangely had a great deal to do with bridge building.

While France and England were nation-states with unified forms of Christianity: Roman Catholic in France and a form of the Catholic religion called Anglican in England, the many German-speaking states were mixed. Their rulers could declare them either Roman Catholic or Protestant according to their own beliefs. As these small lands were competing with one another politically, the mixture was explosive and led to wars – but it also led to innovation.

Religion and Education

Roman Catholics accepted the authority of their priests. Few people could read at the time and only priests could read the bible that was written in Latin, an ancient language that was no longer spoken. Only the priests were allowed to think and write about religion, and the public was just expected to believe what they were told. This, of course, did not encourage education or independent thinking.

Protestants, on the other hand, stressed education for everyone. Their very name indicated that they protested against the old, Catholic religion. The same holy book, the bible, was printed in languages with pictures that the people could read and those that could not read, could at least understand the stories in pictures. Everyone was encouraged to learn to read, to reason religious matters for themselves, and even to question the authority of the priests. This was a very different culture and it encouraged people to think for themselves. Their intellectual curiosity led to innovation. The clash between the two religious and educational cultures in the German-speaking countries spurred Protestants to be intellectually curious and also technologically adventurous. Protestant theology taught that making things with the brain or with the hands was pleasing to God. Making is a form of thinking. Therefore reading and writing was considered "good".

In some ways, the differences between the two forms of Christianity are similar to the differences between Confucians and Daoists. This is a very broad simplification, but it provides a vague basis for comparison. For example:

[1] Cours d' Architecture 1675 Paris, pp. 632-634. The city was Narva, now on the border between Estonia and Russia

[2] Anhalt, Baden, Bavaria, Bohemia, Braunschweig, Hannover, Hessen, Mecklenburg, Moravia, Oldenburg, Prussia, Posen, Saxony, Selesia, Swabia, Würtembebr were some others

[3] Aachen, Augsburg, Bremen, Lübeck, Nürnburg were others

73

Catholics like Confucians believe in authority and hierarchy, while Protestants like Daoists think, experiment, and act. Hands are an important part of the brain. Anyone who studies or builds bridge knows this. While Confucians and Catholic priests are most often depicted with their hands hidden, Daoists and Protestants are shown at work with their hands active. The images communicate real differences with important implications in education.

For example, the artifact called the "Moravian star"[1], a complicated, three-dimensional structure that is used as a decorative symbol of the birth of Jesus Christ at Christmas, demonstrates how Protestant education influenced technology and industry. The object is based on a complicated geometrical body called the rhombicuboctahedron（Fig.5）. A teacher at a Moravian school in the Protestant state Saxony created the star around 1820. He used it to teach the new mathematical field of Descriptive Geometry that had been invented in France at the end of the 18th century. The star (Fig.6）soon became a popular industrial product for decoration at Christmastime that is still sold today. The piano is another example: it was invented in Italy but developed in Saxony by a Protestant carpenter named Gottfried Silbermann (1683-1753). A piano is of course smaller and different from a bridge, but it is also a wooden structure that is designed to resist very high stresses. So it was not only bridge construction that profited from Protestant education; every kind of construction benefited.

Reading and writing books about making all kinds of things was important to Protestant education. Although many wooden bridges were built all over Europe at that time, only a few books were published between 1600 and 1800. Of these books, none were published in Anglican England, five in Catholic France and eleven in the mixed, German-speaking countries! Three

74

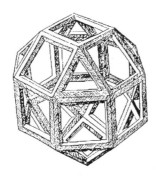

Fig.5   rhombicuboctahedron

Fig.6   Moravian star

of the five men (60%) who wrote the books in French: Hubert Gautier (1660-1737)（Fig.7）, Jean-Rodolphe Perronet (1708-1794) and Pierre-Simon Girard (1765-1836) were born into Protestant families, and this in a country that was over 99% Catholic! All of the eleven men (100%) who wrote on bridges and other trusses in German[2] were Protestants. This is truly remarkable.

Fig.7　Gautier

[1] Moravians are a branch of Protestants that came from the Kingdom of Moravia

[2] Johann Wilhelm (1595-1668), Nicolaus Goldmann (1611-1665), Johann Vogel (dates unknown), Leonhard Christian Sturm (1669-1719), Jacob Leupold (1674-1727), Jost Heimburger (dates unknown), Johann Jacob Schübler (1689-1741), Carl Christian Schramm (1703-?), Gottlob Christian Reuss (1716-1792), Caspar Walter the Younger (1701-1769), Carl Immanuel Löscher (1750-1813)

Two examples

We will look a little closer at two of these men, Leonhard Christoph Sturm (1669-1719) (Fig.8）and Carl Immanuel Löscher (1750-1813). Stone was more important for the French as a building material, but the Germans preferred wood. This can explain why German books about wood construction were more inventive than the French.

In 1713 Sturm built four rooms over a large hall in a palace.To avoid heavy beams in the hall that he considered old-fashioned and

Fig.8　Sturm

ugly, he built a truss in the form of a wall across the floor and connected it to the floor joists. He had realized from experience that the joists and the wall worked together as a three-dimensional structural unit: the truss reduced deflection in the joists and the joists helped carry the truss. So, based on his realization, Sturm wrote in his book (Fig.9）that he could also build the outer walls of a building as a wooden truss and therefore support a whole house front on only two foundation points, one at either end! The connection between a bridge truss and a wooden wall was a new idea with vast possibilities.

Sturm was unusual in that he was able to combine his knowledge of theory

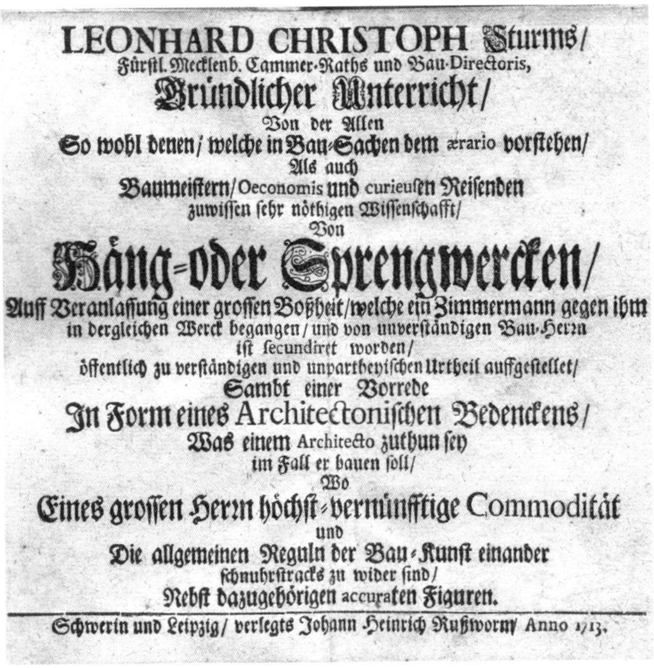

LEONHARD CHRISTOPH Sturms/
Fürstl. Mecklenb. Cammer-Raths und Bau-Directoris,
Gründlicher Unterricht/
Von der Allen
So wohl denen/ welche in Bau-Sachen dem ærario vorstehen/
Als auch
Baumeistern/ Oeconomis und curieusen Reisenden
zuwissen sehr nöthigen Wissenschafft/
Von
Häng- oder Sprengwercken/
Auff Veranlassung einer grossen Boßheit/ welche ein Zimmermann gegen ihm
in dergleichen Werck begangen/ und von unverständigen Bau-Herrn
ist secundiret worden/
öffentlich zu verständigen und unpartheyischen Urtheil auffgestellet/
Sambt einer Vorrede
In Form eines Architectonischen Bedenckens/
Was einem Architecto zuthun sey
im Fall er bauen soll/
Wo
Eines grossen Herrn höchst-vernünfftige Commodität
und
Die allgemeinen Reguln der Bau-Kunst einander
schnuhrstracks zu wider sind/
Nebst dazugehörigen accuraten Figuren.
Schwerin und Leipzig/ verlegts Johann Heinrich Rußworm/ Anno 1713.

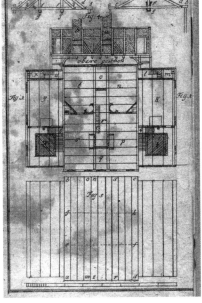

Fig.9　Sturm book

Fig.10　Sturm hall construction

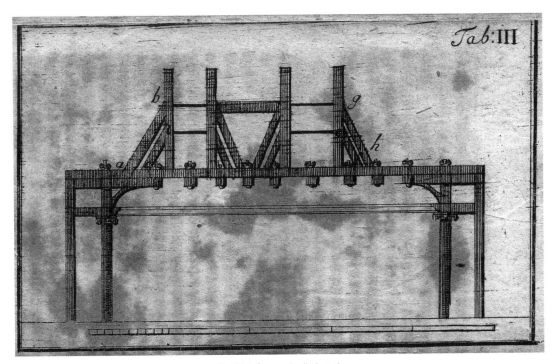

Fig.11　Sturm hall detail

Fig.12 Sturm complex bridge

and practice in bridge, roof and wall construction (Fig.10). He defined the parts that make up a truss: diagonal strut, horizontal bar and vertical post. Combining them in various ways he could design more and more sophisticated forms that could carry ever-larger loads and span farther and farther (Fig.11). He was the first to describe that such overlaid forms worked together structurally, like the wall and joists in his hall. This is the earliest statement I have yet found of how we understand structural behavior today.

Like the French Protestant Gautier in 1716 [1], Sturm wrote that God's grace had led to his discovery. The idea that God could give one new technological insights was a Protestant thought; Catholic priests would have thought that idea very suspicious!

In the following generations, bridge (Fig.12) builders in the German-speaking countries, and then in the rest of Europe, learned from Sturm's theoretical-practical methods. They spread the new thinking of integrated structural behavior all over Europe. Hans Ulrich Grubenmann (1709-1783) (Fig.13), a Swiss Protestant carpenter was

[1] Traité des Ponts, Paris 1716. Gautier's treatise was the first book that was only on bridges.

Fig.13 Grubenmann

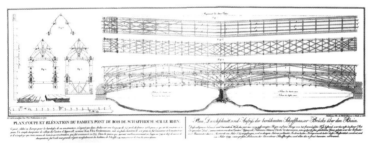

VUE DU FAMEUX PONT DE BOIS DE LA VILLE DE SCHAFFHOUSE SUR LE RHIN.

Fig.14　Grubenmann Schaffhausen 1757

PLAN, COUPE ET ÉLÉVATION DU FAMEUX PONT DE BOIS DE SCHAFFHOUSE SUR LE RHIN.

Fig.15　Grubenmann Schaffhausen 1757

suspension bridge in wood. The novel idea was a direct result of his educational freedom to think "outside the box"!

The French Revolution in 1789 ended the influence of religion in education. German writers were still important in bridge building, but builders from all European cultures and then from North America too, began to contribute their ideas to the development of the modern truss.

the most famous of these bridge builders. His bridge over the Rhine River at Schaffhausen （Fig.14、15）1757 became a famous model for the development internationally.

In 1784, another Protestant writer on wooden bridges, Carl Immanuel Löscher published an interesting proposal. He wanted to free all the space under a bridge, so he inverted Sturm's idea by "inverting gravity", and used the same model turned upside down to create a

Here I have described a few of the elements that influenced only two centuries of a long development in technological thinking beginning with the first documentation of the development by Palladio in 1570, but the sophistication of his images shows that the development must have begun long before that. This leads us to a new question: how did the tension between Confucian, Daoist and Buddhist thinking influence the development of bridge building in China?

（本文系"木构建筑文化遗产保护与利用国际研讨会"交流论文。）

【日本禅宗样建筑铺作中所见下昂、昂桯及挑斡的组合形式】

——禅宗样中的斜向构件

林　琳·京都工艺纤维大学

摘　要：《营造法式》中记载了与铺作相关的几类斜向构件，如昂、昂桯与挑斡。在前一阶段的研究中，以《营造法式》中的描述出发，结合建筑实物，理清了这些构件的相互关系，并以这些概念为基础，分析并分类日本中世禅宗样建筑的铺作中的斜向构件。本文在此基础上，进一步剖析禅宗样建筑铺作中的斜向构件的类型，并以少数和样建筑为参考，初步探讨日本中世建筑中斜向构件的规律。

关键词：禅宗样　和样　《营造法式》　挑斡　昂桯　上昂

昂及相关构件在日本被统一称为"尾垂木"，一般被转译为"下昂"。但"尾垂木"中不包含"上昂"。因此，日本的"尾垂木"这一类构件中实际包含多种性质不同的构件，远多于下昂。

日本学者关口欣也曾关注禅宗样六铺作中的尾垂木，以内外跳是否为同一根木材以及上下方两根斜向构件的夹角为基准对它进行过区分，并探讨它们的地域性，揭示了禅宗样在局部构法上存在不同来源的可能性[一]。彼时对"尾垂木"中包含不同构件相互关系的理解并不清晰。但将他采用的这两类基准——内外是否为完整的一根木材以及上下方两根木材的夹角进一步考虑，已依稀触及构件的性质。由于这种判断缺乏对中国相应构件的参照，导致这种区分最终停留在对形态的解读上。中国学者张十庆在对相应构件的性质进行把握的基础上，突破了六铺作的限制，进一步讨论了禅宗样建筑的尾垂木的种类，并在中日比较的视野下指出镰仓唐样[二]接近纯正宋风，京都唐样有日本化的倾向；从源流上看，苏南为镰仓唐样的主要源流地，而京都唐样则接近浙东及临安一带的建筑样式[三]。

近期对宋《营造法式》（以下简称《法式》）的研究[四]判明了在铺作内跳的斜向构件中，包含了"挑斡""上昂""昂桯"等多种性质不同，形态接近的构件。它们的区别可以通过构件关系图表现（图1）。尤其是明确地区分"上昂"与"昂桯"，为进一步辨别禅宗样建筑的源流提供

[一] 关口欣也：《中世禅宗様仏堂の斗栱 (1)：斗栱組織》（中世禅宗样佛堂的斗拱 1：斗栱组织），《日本建筑学会论文报告集》1966 年，第 126 页。

[二] 此处沿用原文的称谓"唐样"。

[三] 张十庆：《中国江南禅宗寺院建筑》，湖北教育出版社，2002 年，第 141 ～ 146 页。

[四] 朱永春：《〈营造法式〉中"挑斡"与"昂桯"及其相关概念的辨析》，《2016 中国〈营造法式〉国际研讨会论文集》，福州，2016 年。

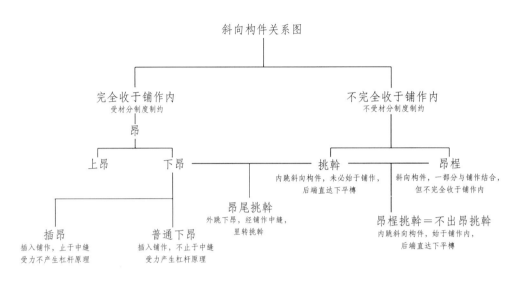

图1　与《法式》中铺作相关的斜向构件关系图（作者绘）

参考。

本文在诸先行研究的基础上，根据构件类型以及组合方式，对日本禅宗样建筑铺作中的斜向构件进行进一步分类。并选取部分和样建筑的实例讨论这些局部做法的流布。

一　日本中世禅宗样建筑中的下昂、昂桯及挑斡的基本组合形式

以《法式》中的"挑斡""上昂""昂桯"及其相关概念审视日本禅宗样建筑，我们可以发现，日本禅宗样建筑中也存在分别与挑斡、昂、昂桯对应的构件。并且在许多实例中这些构件的组合方式与中国建筑接近。在另外一些实例中，这些构件的组合方式不接近禅宗样同时期的建筑，反而与日本的古代建筑有相似之处，说明它们的源头不是单一的。

在表1罗列的45例的日本禅宗样建筑中，除了2例结构不明以外，有25例在铺作处不使用斜向构件，18例在铺作处使用斜向构件。18例使用斜向构件的建筑中，有使用单根斜向构件的情况和使用双根斜向构件的情况，这与中国建筑中使用昂或挑斡等的方式一致。其中，在使用单根斜向构件的情况，可以找出昂尾仿挑斡型和昂尾挑斡型两类；使用双根斜向构件则可以找出四类：昂尾并昂尾挑斡型、昂尾插昂桯挑斡型、昂桯并昂尾挑斡型和昂桯撑昂尾挑斡型，下文详明。

1. 单斜向构件（图2）

较之双斜向构件的类型，单斜向构件在做法上相互的差异大，灵活变通。尤其在节点处理上，没有普遍规律。

（1）昂尾仿挑斡型（3／18）

昂尾挑斡，即将下昂尾部作挑斡处理；仿挑斡，即虽然符合挑斡的某一性质，又不

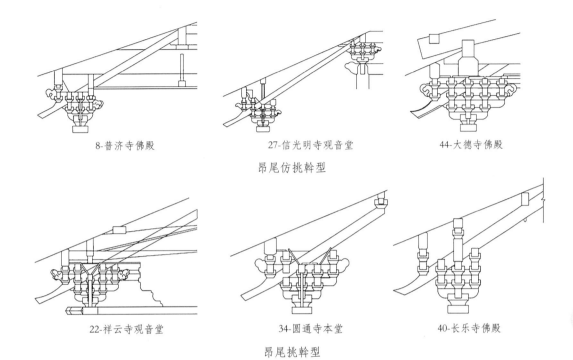

8-普济寺佛殿　　　　　　27-信光明寺观音堂　　　　　44-大德寺佛殿

昂尾仿挑斡型

22-祥云寺观音堂　　　　　34-圆通寺本堂　　　　　　40-长乐寺佛殿

昂尾挑斡型

图2　单斜向构件案例（作者绘）

完全等同于挑斡。该类型特征为外跳单杪单下昂，昂身过铺作中缝，昂尾在长度上符合挑斡的性质，但尾部处理方法不同于挑斡的"挑"的结构机理。

属于这一型的，18例中有3例，分别为：8-普济寺佛殿；27-信光明寺观音堂；44-大德寺佛殿。虽然把这3例归纳为同一类，但它们的尾部与后方结构的交接方法却各有不同，在整体结构中起的作用也不尽相同。

8-普济寺佛殿　建于1357年，位于京都府南丹市园部町。铺作的外跳形式单杪单下昂，昂身过铺作中缝，架于算程方上，伸长至小屋组内部，尾部止于屋顶内部井桁结构的边缘。室内以一面镜天花分割上下的空间，使得昂尾完全被遮挡（图3）。这种结构功能不同于后文将阐述的多数禅宗样的昂尾。就其参与整体结构上看，似更接近日本古代建筑的尾垂木[一]。

27-信光明寺观音堂　位于爱知县冈崎市岩津町。宝德三年（1451年），松平信光为了埋葬其父泰亲的菩提，请释誉上人为开山创建信光明寺。因其名信光而得寺名。观音堂创立于文明十年（1478年），创立伊始

[一] 日本学者清水重敦指出，日本古代建筑的尾垂木不仅承担铺作中的机能。

参见清水重敦：《古代建筑における尾垂木》，《2013年度日本建筑学会大会（北海道）学术讲演会梗概集》，2013年。

表1 日本中世禅宗样佛堂的外檐铺作内侧的斜向构件类型

编号	名称	年代^{注1}	所在	大木结构类型	铺作配置	里跳斜向构件的基本组合类型－以前檐补间铺作的形式为准[注2]
1	功山寺佛殿	1320○	山口县	功山寺佛殿型	柱头／补间	昂尾并昂尾挑斡
2	善福院释迦堂	1327○	和歌山县	功山寺佛殿型	柱头／补间	昂桿并昂尾挑斡
3	永福寺观音堂	1327○	山口县	内部结构暂时不明		
4	清白寺佛殿	1333○ 1415▲（墨書あり）	山梨县	永保寺观音堂型	柱头／补间	铺作处无斜向构件
5	安国寺释迦堂	1339○ 14c後半—15c初期頃▲	广岛县	功山寺佛殿型	柱头／补间	昂尾插昂桿挑斡
6	永保寺开山堂昭堂	1352○ 1347▲	岐阜县	功山寺佛殿型	柱头／补间	昂尾并昂尾挑斡
7	永保寺开山堂祀堂	1352○ 1347前▲	岐阜县	安国寺经藏-最恩寺佛殿型	柱头／补间	铺作处无斜向构件
8	普济寺佛殿	1357○	京都府	普济寺佛殿型	柱头／补间	昂尾仿挑斡
9	天恩寺佛殿	1362○	爱知县	普济寺佛殿型	柱头／补间	铺作处无斜向构件
10	神角寺本堂	1369○	大分县	功山寺佛殿型	柱头／补间	铺作处无斜向构件
11	永保寺观音堂	室町前期（1333-1392）＊1314○ 15c初期頃▲	岐阜县	永保寺观音堂型	柱头／补间	铺作处无斜向构件
12	观音寺阿弥陀堂	室町前期（1333-1392）＊室町初期○	滋贺县	普济寺佛殿型	柱头	铺作处无斜向构件
13	高仓寺观音堂	室町前期（1333-1393）＊室町初期○	埼玉县	功山寺佛殿型	柱头／补间	昂桿撑昂尾挑斡

前檐铺作		后檐铺作		两侧檐下铺作		以基本型为基准的大木结构变异	大木结构变异对铺作中的斜向构件的影响
外跳形式	里跳斜向构件[注3]	外跳形式	里跳斜向构件	外跳形式	里跳斜向构件		
单杪双下昂	同	单杪双下昂	同	单杪双下昂	同	无	无
单杪单下昂	同	单杪双下昂	同	单杪双下昂	同	无	无
内部结构暂时不明							
单杪							
单杪单下昂	同	单杪单下昂	同	单杪单下昂	同	无	无
单杪双下昂	同	单杪双下昂	同	单杪双下昂	同	柱省略の発生	无
单杪							
单杪单下昂	同	单杪单下昂	同	单杪单下昂	同	无	无
单杪							
无							
单杪							
单杪							
单杪单下昂	同	单杪单下昂	同	单杪单下昂	同	无	无

编号	名称	年代注1	所在	大木结构类型	铺作配置	里跳斜向构件的基本组合类型－以前檐补间铺作的形式为准注2
14	泉福寺开山堂前身	1394	大分县	永保寺观音堂型	柱头／补间	铺作处无斜向构件
15	圆觉寺舍利殿	室町中期（1393–1466）＊ 1398● 室町初期○	神奈川县	功山寺佛殿型	柱头／补间	昂桯撑昂尾挑斡
16	常德寺圆通殿	1401○	香川县	功山寺佛殿型	柱头／补间	铺作处无斜向构件
17	佛通寺含晖院地藏堂	1406＊○	广岛县	内部结构暂时不明		
18	正福寺地藏堂	1407○	东京都	功山寺佛殿型	柱头／补间	昂桯撑昂尾挑斡
19	安国寺经藏	1408＊○	岐阜县	安国寺经藏－最恩寺佛殿型	柱头（副阶有补间）	铺作处无斜向构件
20	最恩寺佛殿	室町中期（1393–1466）＊ 应永（1394–1427）顷○	山梨县	安国寺经藏－最恩寺佛殿型	柱头／补间	铺作处无斜向构件
21	洞春寺观音堂	1430○	山口县	安国寺经藏－最恩寺佛殿型	柱头／补间	铺作处无斜向构件
22	祥云寺观音堂	1431○	爱媛县	普济寺佛殿型	柱头	昂尾挑斡
23	延命寺地藏堂	室町中期（1393–1466）＊室町○	福岛县	功山寺佛殿型	柱头／补间	铺作处无斜向构件

前檐铺作		后檐铺作		两侧檐下铺作		以基本型为基准的大木结构变异	大木结构变异对铺作中的斜向构件的影响
外跳形式	里跳斜向构件[注3]	外跳形式	里跳斜向构件	外跳形式	里跳斜向构件		
单枓							
单枓双下昂	同	单枓双下昂	同	单枓双下昂	同	无	无
单枓							
内部结构暂时不明							
单枓双下昂	同	单枓双下昂	同	单枓双下昂	同	无	无
双枓单栱计心							
单枓重栱计心							
无							
单枓单下昂	同	单枓单下昂	同	单枓单下昂	同	有。普济寺佛殿中所见的微小的柱高差距被调整至等高。	无
单枓							

85

编号	名称	年代注1	所在	大木结构类型	铺作配置	里跳斜向构件的基本组合类型－以前檐补间铺作的形式为准注2
24	玉凤院开山堂	室町中期(1393-1466) *室町初期○	京都府	永保寺观音堂型	柱头／补间	铺作处无斜向构件
25	常福院药师堂 （田子药师堂）	室町中期(1393-1466) *室町○	福岛县	功山寺佛殿型	柱头／补间	铺作处无斜向构件
26	园城寺一切经藏 （经堂）	室町中期(1393-1466) *室町末期○ 1540项▲	滋贺县	永保寺观音堂型	柱头／补间	铺作处无斜向构件
27	信光明寺观音堂	1478*○	爱知县	功山寺佛殿型	柱头／补间	昂尾仿挑斡
28	大恩寺念佛堂	1553● 移转する前は文明项1470○	爱知县	内部结构暂时不明		铺作处无斜向构件
29	定光寺佛殿	1493* 1500○	爱知县	功山寺佛殿型	柱头／补间	昂桯撑昂尾挑斡
30	酬恩庵本堂 （一休寺）	1506○	京都府	功山寺佛殿型	柱头／补间	昂桯撑昂尾挑斡
31	东禅寺药师堂	1518○	爱媛县	功山寺佛殿型	柱头／补间	铺作处无斜向构件
32	成法寺观音堂	1504-1520项* 1589○	福岛县	功山寺佛殿型	不明	铺作处无斜向构件
33	不动院金堂	1540○	广岛县	圆觉寺佛殿（古图）型	柱头／补间	昂尾并昂尾挑斡
34	圆通寺本堂	天文（1532-1555）○	广岛县	功山寺佛殿型	柱头／补间	昂尾挑斡
35	东光寺药师堂 （佛殿）	室町後期（1467-1572）*室町○	山梨县	永保寺观音堂型	柱头／补间	铺作处无斜向构件
36	广德寺大御堂	室町後期（1467-1572）*室町○	埼玉县	普济寺佛殿型	柱头／补间	铺作处无斜向构件

前檐铺作		后檐铺作		两侧檐下铺作		以基本型为基准的大木结构变异	大木结构变异对铺作中的斜向构件的影响
外跳形式	里跳斜向构件注3	外跳形式	里跳斜向构件	外跳形式	里跳斜向构件		
单杪							
单杪							
单杪							
单杪单下昂	同	单杪单下昂	同	单杪单下昂	同	有。省略了用于连接侧柱和内柱的虹梁。	无
单杪	内部结构暂时不明						
单杪双下昂	同	单杪双下昂	同	单杪双下昂	同	无	无
单杪单下昂	同	单杪单下昂	同	单杪单下昂	同	有	有，尾部发生变化。
单杪							
无							
单杪双下昂	同	单杪双下昂	同	单杪双下昂	同	有	无
单杪单下昂	同	单杪单下昂	同	单杪单下昂	同	无	无
单杪							
单杪							

87

编号	名称	年代^{注1}	所在	大木结构类型	铺作配置	里跳斜向构件的基本组合类型－以前檐补间铺作的形式为准^{注2}
37	延暦寺瑠璃堂	室町後期（1467-1572）＊室町末期○1630▲（服部文雄説）	滋贺县	功山寺佛殿型	柱头／补间	铺作处无斜向构件
38	奥之院弁天堂	室町後期（1467-1573）＊室町末期○	福岛县	功山寺佛殿型	不明	铺作处无斜向构件
39	建长寺昭堂	室町後期（1467-1573）＊1458○室町後期▲	神奈川县	永保寺观音堂型	柱头／补间	铺作处无斜向构件
40	长乐寺佛殿	1577＊○	和歌山县	功山寺佛殿型	柱头／补间	昂尾挑斡／昂尾仿挑斡
41	八叶寺阿弥陀堂	桃山、1585以前＊文禄○	福岛县	功山寺佛殿型	柱头／补间	铺作处无斜向构件
42	旧东庆寺佛殿	1634＊1518頃○1634▲（棟札あり）	神奈川县	永保寺观音堂型	柱头／补间	铺作处无斜向构件
43	瑞龙寺佛殿	1659○	富山县	功山寺佛殿型	柱头／补间	昂尾并昂尾挑斡
44	大德寺佛殿	1665○	京都府	普济寺佛殿型	柱头／补间	昂尾仿挑斡
45	泉涌寺佛殿	1669○	京都府	功山寺佛殿型	柱头／补间	昂尾并昂尾挑斡

注1. 建筑实例的年代依据如下："＊"来源于日本国指定文化财数据（文化厅）；"●"来源于该建筑的修理工事报告书；"○"来源于关口欣也论文；"▲"来源于关口欣也作品集的附录。

注2. 根据铺作所在位置，里跳斜向构件的尾部与内部的交接方法会有所不同，但斜向构件的相互关系一般不发生变化。本文着目与斜向构件的组合方式，而不考虑它们的尾部节点的处

前檐铺作		后檐铺作		两侧檐下铺作		以基本型为基准的大木结构变异	大木结构变异对铺作中的斜向构件的影响
外跳形式	里跳斜向构件注3	外跳形式	里跳斜向构件	外跳形式	里跳斜向构件		
单杪							
单杪							
单杪							
单杪单下昂	昂尾挑斡	单杪单下昂	昂尾仿挑斡	单杪单下昂	昂尾挑斡	有。佛后壁两侧的内柱后退，后方副阶与身内在结构上融合。	有。挑斡尾部的交接方法发生变化，性质也随之改变。
无							
单杪							
单杪双下昂	同	单杪双下昂	同	单杪双下昂	同	有。佛后壁两侧的内柱后退，后方副阶与身内在结构上融合。	有。挑斡尾部的交接方法发生变化，性质也随之改变。
单杪单下昂	同	单杪单下昂	同	单杪单下昂	同	无	无
单杪双下昂	同	单杪双下昂	同	单杪双下昂	同	无	无

理方式。前檐补间铺作中的斜向构件受梁架的干扰较小，以前檐补间铺作的形式为准。

注3. 如果里跳斜向构件的组合方式与前檐补间铺作中的斜向构件的组合方式相同，记为"同"。

89

a 普济寺佛殿的小屋组构造

b 佛殿内部

图3 普济寺佛殿（a：文化厅图 b：作者绘）

的本尊为释迦，并非观音，其建筑形式上判断建于室町时代[一]。观音堂的建筑虽然为禅宗样，宗教派别上却属于净土宗。大正六、七年（1917、1918年）进行解体修理，记录在案的现状变更为撤去了环绕一周的腰长押。昭和二十九年（1954年）再次进行部分修理。

　　铺作的外跳形式为单杪单下昂，昂身过铺作中缝，昂伸长至内柱柱头，构件长度达挑斡，但尾部做法不同于挑斡，未产生"挑"的杠杆式受弯的力学特性，而是将尾部置于殿身柱头斗拱第一跳华拱上方的二重交互斗上，起连接檐柱柱头铺作与殿身柱头铺作的作用。从形态和尺度上看可以称其为

"挑斡"，但从结构功能与力学特性上看，并不符合一般意义上的挑斡。

　　44-大德寺佛殿　大德寺是临济宗大德寺派的大本山，位于京都市北区紫野。前身佛殿创建于元享四年（1324年），文明年间（1469～1486年）因结构腐朽被销毁，现存佛殿新造于宽文五年（1665年）。昭和五年至八年（1930～1933年）与法堂一同接受了半解体修理，修理主要集中在斗拱及其以上的小屋组部分。现存遗构的大木结构属于普济寺佛殿型，内部一面完整的大天井遮住上方的小屋组构造。

　　铺作的外跳形式为单杪单下昂，昂身过铺作中缝伸入小屋组内部。从面阔方向的剖面图（图4）上清晰可见昂尾伸入小屋组中，类似普济寺佛殿。但有不同之处，即昂尾没有直接参与小屋组构造。

　　昂尾仿挑斡型的这3例从构件长度上看接近挑斡，但构造性能却完全不同。相互之间也有明显区别。如8-普济寺佛殿和44-大德寺佛殿的大木结构同属于普济寺佛殿型，它们的昂尾都伸入小屋组内，被天花遮挡于结构的上半部。但8-普济寺佛殿的昂尾参与的小屋组的构造，这点类似日本的古代建筑。44-大德寺佛殿中，昂尾虽然伸入小屋组，在构造中却没有发挥实际作用。27-信光明寺观音堂的情况则与前两例完全不同，昂尾没有伸入小屋组，而起到了连接檐柱上方斗栱和内柱上方斗栱的作用。

　　（2）昂尾挑斡型（3/18）

　　昂尾挑斡，即将下昂尾部作挑斡处理[二]。该类型特征为外跳单杪单下昂，昂身过铺作

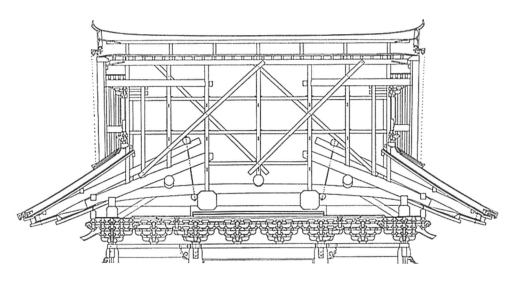

图4　大德寺佛殿的小屋组构造
(《重要文化財大德寺経蔵及び法堂・本堂（仏殿）修理工事報告書》，1982年)

中缝，昂尾在长度上符合挑斡的性质，尾部处理方法也符合挑斡的"挑"的结构机理。

　　属于这一型的，在18例中占3例，分别为22-祥云寺观音堂；34-圆通寺本堂；40-长乐寺佛殿。

　　22-祥云寺观音堂　祥云寺观音堂位于爱媛县越智郡岩城村，创建于永享三年（1426年）。创建至今经历多次修理，延宝元年（1673年）进行了第一次有记录的大修理，此后又分别于1716年、1772年、1781年、1789年、1844年、1921年进行过修理。其中1844年的修理是针对屋顶和小屋组的，没有详细的记录，使我们无法判断现状的铺作层部分较初创时期有哪些变化。但是，昭和修理之前的调查显示除了观音堂内部的来迎柱上方的大斗为原来的桧木以外，其他的大斗以及东北转角处的部分栱材使用的是槻木，证明这些部位在后世的修理中确实发生改变[三]。但没有进一步的资料说明构造是否发生变化，只能从现状进行分析。

　　观音堂的大木结构属于普济寺佛殿型，它的昂尾在长度上也与前面述及的普济寺佛殿，大德寺佛殿接近，并同样是伸入小屋组内部。将其归纳于昂尾挑斡型，并非认同其祖型来源于中国的挑斡构件。从现存建筑状态上看，昂尾经由算程方伸入小屋组之后，与小屋组内的构件自然相交，其

[一]《重要文化財信光明寺観音堂修理工事報告書》，1955年。

[二] 日本中世建筑的小屋组与下方结构分离，使得它们不具有同时代中国建筑中所见的上下对应的关系。因而日本建筑的"下平槫"已经不能采用与中国建筑一样的方法进行界定。本文对此不做具体说明，仅以长度进行估算。

[三] 祥云寺观音堂修理委员会：《重要文化財祥雲寺観音堂修理工事報告書》，1957年。

中一些恰好到达角梁的下部，似有"挑"的作用。但也可看作压于其他构件下方，界限模糊。尤其是其与大德寺佛殿的区别，并不是由昂尾构造决定，而是由小屋组内部的构件所决定的。

通过对普济寺佛殿，大德寺佛殿，和祥云寺观音堂的昂尾做法的比较，我们可以发现，这3例建筑的大木结构同属于普济寺佛殿型，在昂尾的设计方法上也有明显的共同之处，即昂尾通过柱头上的枋木伸入屋顶结构中，已然不是单纯的铺作中的构件。但最终昂尾受力如何，起到怎样的结构作用，需要根据屋顶的内部构造来判断。加上已知这些建筑的屋顶部分都经过修理，可以初步判断，它们最终的结构功能并不是由当初的设计意图所决定的。这3例同属于普济寺佛殿型的禅宗样建筑，在昂尾的设计意图上也是一致的。

34-圆通寺本堂　圆通寺位于广岛县北部的庄原市，属于临济宗妙心寺派。本堂建于天文年间（1532～1555年），建立后经过多次修理，1972年修理之际根据调查结果对建筑进行了复旧，现存本堂显示的是创建时期的样子。其大木结构属于功山寺佛殿型。该例的昂尾最接近中国的挑斡，如不考虑日本建筑没有"下平榑"所带来的区别，符合法式中所言"挑一斗"的情况。

40-长乐寺佛殿　长乐寺位于和歌山县有田郡吉备町，属于临济宗妙心寺派。前身佛殿约创建于1300年初，16世纪初烧毁。现存佛殿为1577年再建之物，迄今为止经过多次大小修理，但记录显示这些修理对铺作处的斜向构件没有明显的影响[一]，可以看作是当初的形式。佛殿的大木结构属于功山寺佛殿型的变体。佛后壁两侧的内柱后退，后方副阶与身内在结构上融合，使得后方的昂尾也跟随结构发生变化。但整座建筑中的昂尾的组合方式仍保持统一，接近中国建筑中的挑斡做法。

2. 双斜向构件（图5）

双斜向构件是比较常见的形式，在诸先行研究中多有讨论，一般理解为平行和交角两种类型。本文在此基础上，根据构件的不同性质，进一步细分，发现存在4种不同的类型。

（1）昂尾并昂尾挑斡型（5/18）

昂尾并昂尾挑斡，即昂尾与昂尾挑斡平行。

该类型的特征是外跳单杪双下昂，双昂昂身过铺作中缝，昂尾伸长至内柱柱头。上层昂尾处理为挑斡，下层昂尾与其角度接近平行，在挑斡下方接近中部的地方辅助承托它。大木结构属于功山寺佛殿型的1-功山寺佛殿、6-永保寺开山堂昭堂、43-瑞龙寺佛殿、45-泉涌寺佛殿属于此类型，以及属于圆觉寺佛殿（古图）型的33-不动院金堂属于这个类型，即先行研究所说的昂尾平行的其中一种情况[二]（另一种情况为昂桯并昂尾挑斡型），此处不赘述。

（2）昂尾插昂桯挑斡型（1/18）

昂尾插昂桯挑斡型是特例，目前只发现5-安国寺释迦堂属于此类型。

5-安国寺释迦堂　安国寺释迦堂位于广岛县福山市鞆町，建于14世纪后半至15世纪

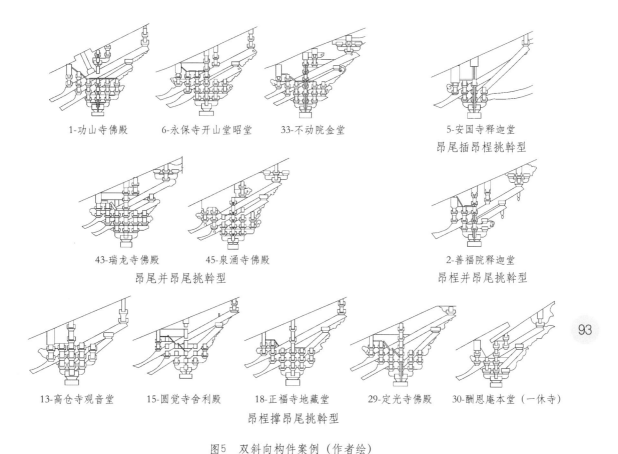

1-功山寺佛殿　　6-永保寺开山堂昭堂　　33-不动院金堂　　5-安国寺释迦堂

昂尾插昂桯挑斡型

43-瑞龙寺佛殿　　45-泉涌寺佛殿　　2-善福院释迦堂

昂尾并昂尾挑斡型　　　　　　　　　　　　　　　昂桯并昂尾挑斡型

13-高仓寺观音堂　　15-圆觉寺舍利殿　　18-正福寺地藏堂　　29-定光寺佛殿　　30-酬恩庵本堂（一休寺）

昂桯撑昂尾挑斡型

图5　双斜向构件案例（作者绘）

初。大木结构属于功山寺佛殿型。铺作外跳形式为单杪单下昂，昂身过柱头中缝插入不出昂挑斡中。关口欣也认为这有可能是后期的修理造成的。

（3）昂桯并昂尾挑斡型（1/18）

昂桯并昂尾挑斡，即下方不出昂的昂桯与上方的昂尾挑斡平行。与前述第一种类型外跳昂尾内并昂尾挑斡型相比，外跳单杪单下昂，内侧改下层昂尾为不出昂头的昂桯。2-善福院释迦堂属于此类型。

（4）昂桯撑昂尾挑斡型（5/18）

昂桯撑昂尾挑斡，即下方昂桯置于上方的昂尾挑斡下，呈角度布置。外跳有单杪双下昂和单杪单下昂两种情况。其中，单杪双下昂时，第二跳为插昂。内侧皆以昂桯支撑挑斡。同样是使用昂桯，与昂桯并昂尾挑斡型，最根本的区别是昂桯与挑斡的角度，使得其结构作用接近斜撑。13-

［一］和歌山县文化财中心：《重要文化财长楽寺仏殿修理工事报告书》，1996年。

［二］关口欣也：《中世禅宗様仏堂の斗栱(1):斗栱组織》（中世禅宗様仏堂的斗拱1:斗拱组织），《日本建筑学会论文报告集》，1966年，第128页。

张十庆：《中国江南禅宗寺院建筑》，湖北教育出版社，2002年。

高仓寺观音堂；15-圆觉寺舍利殿；18-正福寺地藏堂；29-定光寺佛殿；30-酬恩庵本堂（一休寺）属于此类型。

3. 斜向构件的组合方式和大木结构类型之间的关系

将斜向构件的组合方式与建筑所属的大木结构类型进行对比，对应关系如下所示（表2）：

（1）功山寺佛殿型的禅宗样佛堂，是占所选取禅宗样佛堂实例比例最大的一类。同时，它所包含的斜向构件的组合方式，也是最丰富的，涵盖所有类型的组合方式。其中，最常见的是昂尾并昂尾挑斡型和昂桯撑昂尾挑斡型，合计9例，占了总数18例的二分之一。这两类即关口欣也所说的平行和夹角的类型。

（2）昂尾并昂尾挑斡型的组合方式，除了在功山寺佛殿型中运用，在唯一一例的圆觉寺佛殿（古图）型的不动院金堂中，也采用这种组合方式。结合它们的大木结构，可以推测，功山寺佛殿型和不动院金堂型的祖型相当接近。

（3）普济寺佛殿型的建筑有3例，这3例都采用了单斜向构件，其中2例属于昂尾仿挑斡型，1例属于昂尾挑斡型。属于昂尾挑斡型的为祥云寺观音堂，设计意图上接近昂尾仿挑斡型，但由于小屋组内部结构的不同，造成了结构作用上的差异。说明普济寺佛殿型的建筑，从大木结构到铺作处做法，都具有明显的一致型，佐证其源流相近。

（4）永保寺观音堂型和安国寺经藏－最恩寺佛殿型的建筑，都一致不使用斜向构

表2　大木结构类型与斜向构件类型的关系

		功山寺佛殿型	普济寺佛殿型	圆觉寺佛殿（古图）型	永保寺观音堂型	安国寺经藏－最恩寺佛殿型
单斜向构件	昂尾仿挑斡型（3/18）	1	2		不使用斜向构件	不使用斜向构件
	昂尾挑斡型（3/18）	2	1			
双斜向构件	昂尾并昂尾挑斡型（5/18）	4		1		
	昂尾插昂桯挑斡型（1/18）	1				
	昂桯并昂尾挑斡型（1/18）	1				
	昂桯撑昂尾挑斡型（5/18）	5				

件。佐证大木结构分类的合理性。

（5）综上所述，斜向构件的组合方式作为一种局部性构造手法，与大木结构实际上存在相互对应的关系。进一步思考成因，应当与天花的位置有关。

二 和样建筑中的斜向构件

除了禅宗样建筑，在同一时期或之后的和样建筑里，也可以看到类似的局部做法。

1.上昂

前述禅宗样的诸实例中，出现"下昂""挑斡""昂桯"这几个类型，唯不见"上昂"。其实"上昂"在日本中世建筑中也有体现。

典型的一例为鑁阿寺本堂（图6）。鑁阿寺本堂的铺作中同时出现了上昂与昂桯。如遮去上层的昂桯构件看下层。下层斜向构件的尾部交接方式接近挑斡的"或挑一材两㭼"，单从此看还不足以区分它属于上昂还是昂桯挑斡。其次看它的位置和结构作用，显然这根构件由柱心出，于铺作内起到简化跳数的作用。再判断它的尺度，造上昂之制，有"五铺作单杪上用者"，"自栌枓料心出，第一跳华栱心长二十五分；第二跳上昂长二十二分"，即上昂是完全组合于铺作内的。图6符合这个情况。可判断它属于上昂，而不是挑斡，也不是昂桯。再看上方构件。同样的，从位置、形态上看，不可能是上昂，也没有简化跳数的作用。但还不足以判断它属于昂桯还是挑斡。从尺度上找依据，长度不达下平槫，即可排除挑斡，属于昂桯。

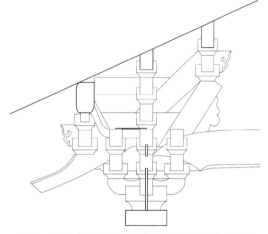

图6　鑁阿寺本堂（1299年）的上昂（作者绘）

对比苏州玄妙观三清殿中的上昂，可以发现，它们同样起到了简化铺作跳数的作用（图7）。

2.与禅宗样中的斜向构件相近的例子

一些和样或折衷样建筑中可以见到与禅宗样建筑相同的构造手法。

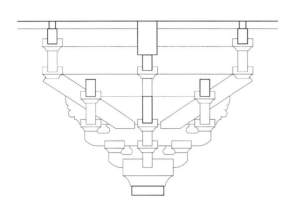

图7 苏州玄妙观三清殿上檐内檐中间四缝补间铺作
（作者绘）

96

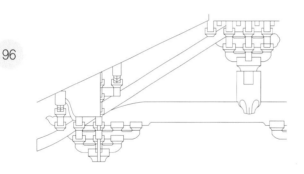

图8 松生院本堂（1294年）（作者绘）

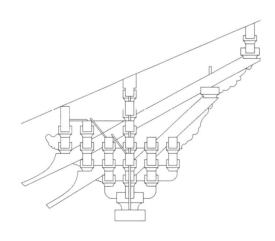

图9 西愿寺阿弥陀堂（1495年）（作者绘）

松生院本堂 松生院位于和歌山县和歌山市片冈町。本堂建于1295年，移建于和歌山市的宝光寺[一]。铺作处的斜向构件与昂尾仿挑斡型的27-信光明寺观音堂非常接近（见图2），都是直接过铺作中缝，尾部与后方的铺作结合。但松生院本堂的例子中，尾部止于后方铺作里，没有进一步伸向柱头枋（图8），这种变化与上方的结构有关，不影响斜向构件本身的性质。

松生院本堂的年代判定为1294年，比现存禅宗样佛堂中最早的实例功山寺佛殿（1320年）还要早，说明这种单斜向构件的做法在禅宗样建筑的早期就已经存在。

西愿寺阿弥陀堂 西愿寺阿弥陀堂位于千叶县市原郡南总町平藏。面阔3间，进深3间。对于西愿寺阿弥陀堂是否属于禅宗样，存在争议。这是一座密教建筑，大木结构几乎与功山寺佛殿型的禅宗样佛堂一致，区别是佛后壁前的两根柱没有被省略。从铺作斜向构件的做法上看，属于禅宗样的昂裎撑昂尾挑斡型，说明这做建筑无论从整体大木结构，还是局部的做法上看，都符合纯正的禅宗样的构造（图9）。内部是否省略柱子，涉及到空间使用的方法。或许定义这座建筑在构造手法上符合禅宗样，但在空间布置上不符合禅宗样，更为合理。

3.特殊的斜向构件

日本建筑中，有一些斜向构件的用法，是在中国很难见到的。例如，本愿寺本堂的铺作中的斜向构件。通常下昂及其相关构件出现在建筑的檐下，但这座建筑，在檐柱与向内一排的柱子的柱头上，都布置了下昂

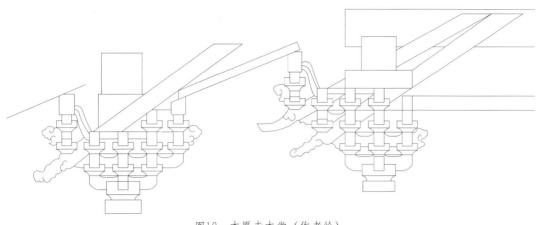

图10 本愿寺本堂（作者绘）

（图10），在日本也并不多见。就斜向构件的形式来说，与上述禅宗样建筑中的斜向构件并不相同。可见来源不同，或属于后期修理时的创新。考虑这种现象可能与建筑的增建有关。

三　禅宗样铺作中的斜向构件的时间分布和地域分布

对禅宗样铺作中的斜向构件的组合方式，在时间上和地域上的分布进行总结。为了增加实例，将样式上有争议的西愿寺阿弥陀堂也纳入对象。这19例的斜向构件在时间和地域上的分布如图11所示。根据分布情况有以下推论：

第一，现存实例中，最早看到的组合方式是"昂尾并昂尾挑斡"，见于山口县的功山寺佛殿（1320年）。时间上紧随其次的是"昂桯并昂尾挑斡"，见于和歌山县的善福院释迦堂（1327年）。它们的区别从形态上看在于外跳是否出下昂，从技术方面考虑，后者解决了内部铺作减化时的支撑问题。相似的例子见于京都市的酬恩庵本堂（1506年），但酬恩庵中昂桯与昂尾呈锐角布置，属于昂桯撑昂尾挑斡的体系。善福院释迦堂的"昂桯并昂尾挑斡"的做法是一个孤例。

第二，"昂桯撑挑斡"最早见于埼玉县的高仓寺观音堂（室町前期），与"昂尾并昂尾挑斡"一样，都是发现时间最早，持续时间长，现存实例最多的两种斜向构件组合方式。这也是先行研究中所谈及的两大类斜向构件组合方式[二]。

[一]太田博太郎等：《日本建筑史基础资料集成七·仏堂Ⅳ》，中央公论美术出版，1983年，第31页。

[二]《重要文化财信光明寺观音堂修理工事报告书》，1955年。

A. 日本禅宗样 斜向构件组合方式的时间分布

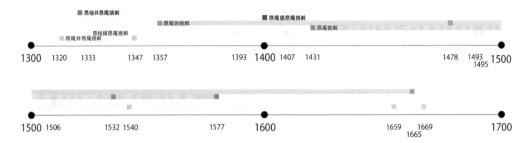

B. 日本禅宗样
斜向构件组合方式的地域分布

注：日本地图的底图来自日本地图设计素材网站
http://free-webdesigner.com/freejapanmap

图11 禅宗样铺作中的斜向构件的时间分布和地域分布（作者绘）

第三，"昂尾仿挑斡"最早见于京都府的普济寺佛殿（1357年），第二次见到这种做法是在爱知县的信光明寺观音堂（1478年），最后一例则是京都市的大德寺佛殿（1665年）。三者之间时间跨度大，说明这种做法不是偶然。即使各个实例在局部节点的处理上不同，它们在设计思想上有共通之处。

第四，"昂尾挑斡"最早见于爱媛县的祥云寺观音堂（1431年），但是这个例子的上部构造极有可能因为早期修理发生改变。真正纯正的中国式昂尾挑斡做法见于广岛县的圆通寺本堂（天文年间）。从做法上看，它们的输入途径是不同的[一]。

第五，"昂尾插昂尾挑斡"的安国寺释迦堂（14世纪后半～15世纪初）是一座孤例。它是双斜向构件的类型，还未看到有早于这个时期单斜向构件的"昂尾挑斡"的做法。地理上处于"昂尾并昂尾挑斡"的影响范围内，推测"昂尾插昂尾挑斡"应当是"昂尾并昂尾挑斡"的做法进行修理后产生的结果。

第六，从整体时间分布上看，使用斜向的禅宗样建筑集中在14世纪前期到17世纪中后期。尤其15世纪到16世纪之间的这段时间，各类并行存在（图11-A）。地理上也看到各类型都有相对接近的区域（图11-B）。但是，"昂尾并昂尾挑斡"这种早期做法在后期侵入"昂桯撑昂尾挑斡"的区域。"昂桯撑昂尾挑斡"的地理分布符合先行研究中指出的以镰仓为中心，不属于禅宗样的西愿寺观音堂也处在这个区域内。但"昂尾并昂尾挑斡"在地理上的分布更广，存续时间也长得多，说明这种技术被保留下来。

（本文系"木构建筑文化遗产保护与利用国际研讨会"交流论文。）

参考文献：
[一] 关口欣也：《中世禅宗様仏堂の斗栱(1)：斗栱組織》（中世禅宗样佛堂的斗拱1：斗拱组织），日本建筑学会论文报告集 128，1966 年。
[二] 张十庆：《中国江南禅宗寺院建筑》，湖北教育出版社，2002 年，第 141～146 页。
[三] 朱永春：《〈营造法式〉中"挑斡"与"昂桯"及其相关概念的辨析》，《2016中国〈营造法式〉国际研讨会论文集》，福州，2016 年。
[四] 清水重敦：《古代建筑における尾垂木》，《2013 年度日本建筑学会大会（北

[一] 注意到,本分类是根据实例在现阶段的状态为基准，并不认同在相同类型下的源流也都相同。例如，不认为"昂尾挑斡"做法都来自于中国的"昂尾挑斡"。

99

海道）学术讲演会梗概集》，2013 年。

［五］ 饭田须贺斯：《中国建築の日本建築に及ば
せる影響》（中国建筑对日本建筑的影响），
相模书房版，1976 年。

［六］ 藤井惠介：《日本建築のレトリック》，株
式会社 INAX，1994 年。

［七］ 关口欣也：《中世禅宗样建筑的研究》，中
央公论美术出版社，2010 年。

［八］ 郭黛姮：《中国古代建筑史·第三卷 宋、
辽、金、西夏建筑》，中国建筑工业出版社，
2003 年。

［九］ 潘谷西：《中国古代建筑史·第四卷 元、明
建筑》，中国建筑工业出版社，1999 年。

［一〇］《重要文化財信光明寺観音堂修理工事報
告書》，1955 年。

［一一］《重要文化財祥雲寺観音堂修理工事報告
書》，1957 年。

［一二］《国宝永保寺開山堂及び観音堂保存修理
工事報告書》，2012 年。

［一三］《国宝功山寺仏殿修理工事報告書》，1985 年。

［一四］《重要文化財大徳寺経蔵及び法堂·本堂
（仏殿）修理工事報告書》，1982 年。

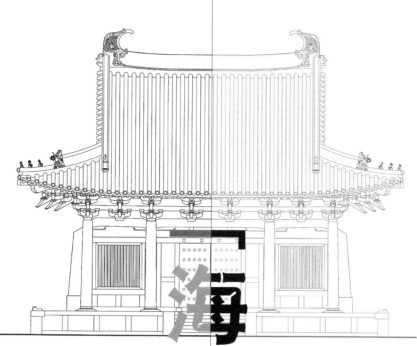

「海丝论坛」

叁

【建构东亚建筑史的方法论探讨】

——《营造法式》梁额榫卯的比较分析

包慕萍·东京大学生产技术研究所

摘　要：2014～2016年，中日建筑史资深学者连续三年分别在东京大学、清华大学、京都工艺纤维大学共同召开"东亚建筑史与城市史圆桌会议"，会议以中日19世纪以前的古代建筑史和城市史为对象。笔者作为组织人之一在本论文中总结了会议中探讨的中日建筑史学的共同点、差异性，以及为了建构东亚建筑史提出解决问题的新概念和方法论。

关键词：东亚建筑史　城市史　梁思成　太田博太郎

在清华大学王贵祥教授、东京大学村松伸教授、藤井惠介教授的倡导下，以及笔者与清水重敦副教授的具体企划和组织下，2014年10月至2016年10月为止，分别在日本和中国召开了三次中日以及韩国的建筑史学者参加的"东亚建筑史与城市史圆桌会议"，会议探讨的时代限定在19世纪之前，也就是以两国近代之前的建筑史以及城市史为主要探讨对象。

本文将介绍此会议的目的，以及在会议探讨中发现的中日建筑史学的共同点和差异，最后提及构筑东亚建筑史所面临的问题以及为了解决问题而提出的新概念和方法论。

一　亚洲建筑和城市研究的国际交流情况

目前，以亚洲建筑和城市为论题的会议已经有两个。第一个把亚洲建筑作为主题的国际会议是1986年日本建筑学会举办的"亚洲圈建筑交流国际研讨会"。这个会议是庆祝日本建筑学会创立 100 周年的纪念活动之一。之后，在1998年，日本建筑学会与中国建筑学会以及韩国建筑学会签约，商定三者之间轮流举办国际会议，会议名称正式命名为"亚洲建筑国际交流会 International Symposium on Architectural Interchange in Asia（ISAIA）"，会期为两年一次。1998年首先在神户大学召开了以"二十一世纪的亚洲建筑 Asian Architecture in the 21st Century"为主题的会

103

议。笔者也是其中建筑史分科会的发言人之一[一]。2014年10月，此会的第十届会议在杭州举行。因为此会是三个国家的建筑学会联合主办，具有定期召开、论题涉及面广泛的优势，达到了促进亚洲建筑界人士广泛交流的目的。

另一个以东亚的建筑和城市为主题的国际会议是韩国、中国、日本共同组织的"东亚建筑文化国际会议 International Conference on East Asian Architectural Culture （EAAC）"，会议由三个国家的建筑史学会[二]轮流主办。此会于2002年在韩国建筑史学会李相海会长的提议下，在韩国首尔大学召开了第一次会议。第二次会议于2004年由朱光亚教授主持在中国东南大学召开。第三次会议于2006年在日本建筑史学会的主持下，在京都大学举行。EAAC的最新一届会议将在今年10月在韩国光州举办，为第七次会议[三]。

京都会议时，笔者也是会议执行组成员之一。在组织这次会议时，已经有意识地要推进东亚建筑史比较研究，因此，各个国家的主题发言人的演讲题目不是自由设定，而要求各国学者都以"东亚的'京都'（首都）"为演讲题目[四]，各位演讲人的内容重点放在首都或者王城的城市规划的理想模式上，以及其后的民间活动（如"侵街"等行为）造成理想模式消弱的变迁过程。这样选定主题的做法达到了深化东亚建筑史、城市史比较研究意识的目的，但是也发现了其中存在的问题。那就是主题发言人各自的主要研究领域相距较远，对相邻国家的建筑史学的发展状况并不十分了解，因此一时还达不到比较研究的水平。通过这样的尝试，体会到要进行东亚建筑史比较研究，必须首先铺设"基础设施"，亦既需要编制增进相互了解的基本教材。

以上两个会议都达到了促进亚洲建筑和城市研究的目的，开创了亚洲建筑与城市研究国际交流的先河。但是，也存在着一些不足。第一，这两个会议虽然都编制论文集，但是论文集不公开发行，虽然参加者人手一册，但是达不到普及研究成果的目的。第二，论文的学术水平得不到保证。两个会议的参加人数都有数百以上的规模，以曾是会议组织者的经验来说，仅仅数名的论文审阅人无法在短短的时间内正确审定论文的学术水平和原真性，加之论文使用的是对审阅人而言非母语的英语，而投稿人的论文题目又遍及亚洲，因此，题目的广泛性、语言的障碍以及审阅人数及审阅时间的限制等客观条件造成了这些会议的论文水平参差不齐。

此外，还有中国文化遗产研究院、日本国立奈良文化财研究所以及韩国国立文化财研究所共同主办的"中日韩建筑遗产保护研讨会"。此会的第一次会议于2009年在奈良召开，是庆祝平城京（今奈良）迁都1300周年（2010年为止）的纪念活动之一，之后，每年一次在三个国家轮流主办[五]。但是，这个会议的参与者限定在这三个文物保护单位的人员，论题也集中在保护和修复等具体技术及政策方面。

鉴于以上国际交流的状况，为了深化东亚建筑历史和城市历史的研究，本次招集了中、日建筑史资深学者进行学术交流，会议称为"东亚建筑史与城市史圆桌会议"。出发点是探讨东亚范围内近代以前的建筑与城市历史，因此最初也和韩国的建筑史学者进行了联系，但是因为韩国要主办今年在韩国召开的EAAC会议，因此暂时没有参加。本次会议称为圆桌会议是因为在组织会议时就有为中日建筑史学者创造深入探讨的机会的目的，特意把会议规模定得很小，中日双方各有5位学者出席，会议为期两天，保证每一位的发言及讨论时间为1小时。而且，至今为止的国际会议都使用英语，因非母语而造成各国学者之间、特别是古代建筑历史专业人士之间理解上的隔膜，因此，本次圆桌会议的发言人都使用母语发言，并配备建筑史专业的博士生做翻译。

这个会议的长远目标是构筑东亚建筑和城市历史，所以希望每一次会议的成果都能成为实现这一长远目标的基石。因此，第一次会议的目标定位为增强体系性的相互了解，以此奠定东亚建筑和城市史比较研究的基础知识。鉴于这样的目的，避免论题分散和陷入个别细节的探讨，会议内容并不是各位学者披露最新研究成果，而是建议各位学者的发言内容为对本国的建筑史学的回顾、目前存在的问题以及对今后发展的展望，分专题分别论述。具体为：（1）本国建筑史、城市史学的总体状况；（2）7～12世纪建筑的研究总体情况；（3）12～19世纪建筑的研究总体情况；（4）建筑与城市文化的传播与交流论。因为讲演时间充足以及在专业翻译协助下的流畅沟通，使得会议的讨论非常深入和充分，加深了对邻国建筑史发展以及各自面临的问题的理解，理清了中国和日本建筑史、城市史研究中的异同点，并对未来构筑东亚建筑史提出了积极的新概念和方法论。

二　中日建筑史研究的异同点

中国和日本的古建筑有着相似的外观，而且日本古代从中国大陆引进了文化思想与建筑技术是众所周知的史实，因此一般大众总有两国的古建筑"差不多一样"的泛泛之感。然而，这次会议作为学术性史学研究，真正坐下来认真讨论的时候，蓦然发现两者之间虽然有着相似的开始，但是却走上了非常不同的发展之路。中日建筑史研究主要有以下两点不同：

1. 中国和日本建筑史研究的起始点与分歧点；
2. 历史分期、建筑类型及文物修理制度的不同。

[一]《第2回アジアの建築交流国際シンポジウム報告書》"日本·大韓·中国建築学会"，神戸大学，1998年。

[二] 中国方面东南大学建筑学院是组织者。目前会议组织委员会成员已经扩大，具体为韩国建筑史学会、日本建筑史学会、中国东南大学、香港中文大学、台湾建筑史学会和新加坡国立大学。

[三] 第四次会议于2009年在台湾成功大学举行，第五次于2011年在新加坡大学举行，第六次于2012年在香港中文大学举行。

105

[四] 東アジア建築文化国際会議2006京都，International Conference on East Architectural Culture Kyoto 2006，パネルディスカッション"東アジア中の'京都'：権力と民営化の間，East Asian Capitals': Between Authority and Privatization。

[五] 東アジア建築文化国際会議2006京都，International Conference on East Architectural Culture Kyoto 2006，パネルディスカッション"東アジア中の'京都'：権力と民営化の間，East Asian Capitals': Between Authority and Privatization。

三 新概念的设定和比较的方法

基于以上存在的问题，今后进行国家之间的比较研究之时，首先需要重新进行统一的时代分期，这需要研究各自国家的建筑本身发生的时代性变化的时间和时期长短。

其二，需要对建筑类型开拓新的定义方法。例如日本的茶室，或者中国园林里的建筑小品，可以通过抽象的定义统一起来，如使用休憩空间，或者精神性空间等抽象名词来定义。

除了概念的重新界定，最重要的是比较研究的方法如何确定。在本次圆桌会议上刘畅总结了中国建筑史对木结构的研究存在"译经学派"，即《营造法式》的解释者，代表学者有陈明达、徐伯安、郭黛姮、潘谷西、钟晓青等；其二有"形制学派"，代表学者有徐伯安、张十庆、徐怡涛；其三有"比例学派"，代表学者有陈明达、傅熹年、王贵祥及其本人，并提出了自己的"分析建筑史"的新概念，即通过精确的、科学的建筑测绘以及其他科学手段，像物理、化学那样，对建筑进行建立在科学数据之上的分析，因此命名为"分析建筑史"。这个提法和做法对中国建筑史来说是非常必要和迫切的，而在日本，这种做法已经多有实践，主要在"保存科学"（同名杂志于1964年创刊）[一]的学科中，在建筑领域主要应用在文物建筑的保护和修复上。而与会者清水重敦也提出了从如何建造的角度研究木结构的观点。他的这个观点是为了弥补目前对屋架、斗栱、梁柱等分门别类的研究而造成的忽视建筑结构整体的力学性能的弱点。

从刘畅总结的三个学派的代表学者的名字也可以看出，中国建筑史研究的主要力量依然集中在对木结构的研究上，可以说是梁、刘建筑史研究方法的延续和拓展。反观日本，在太田博太郎以及井上充夫之后的日本建筑史学者们再次开拓了新的研究方法，在社会学与文化人类学等其他学科的影响下，提出了新的方法论。例如，藤井惠介通过对密宗的宗教礼仪研究而达到重新认识寺院建筑空间的目的；川本重雄通过住宅中的礼仪活动展开了住宅空间的通史性研究。他们的共同特征是通过建筑空间里的人为活动、宗教活动来解释建筑的空间及结构成因。而日本最年轻一代的建筑史学者们已经开始了新一轮的方法论探索。其中的一个实例是综合各个学科如建筑史、美术史、宗教史以及庭园史的成果，从三维立体的角度来解释空间的方法，代表性的成果有富岛义幸的《平等院凤凰堂——现世与净土之间》[三]。

本次会议在设定讨论题目时，特意设定了建筑文化的传播与交流的专题。毫无疑问，日本建筑史是在外来文化的不断影响下形成的。而中国建筑史也不例外，从印度传来的佛教建筑、到北方异族建立的王朝所带来的外来文化，以及中国文化对外的传播，这一切都属于建筑文化的传播与交流的范畴。对建筑文化传播和接纳过程又有什么研究方法？在这里村松伸提出了"文化触变"的新概念[三]。

"文化触变"（acculturation）本来是20

世纪30年代的美国人类学者提出的概念，指不同文化、民族团体通过长期的接触导致一方或者双方的文化形态发生变化的现象。东京大学国际关系领域的学者平野健一郎在其著作《国际文化论》中详细地解释了此概念的含义。即接受外来文化时，首先有一个过滤层，出现被接受的部分和抗拒的部分，吸收外来文化会造成原文化的平衡状态的彻底或者部分解构，之后通过对外来文化的再构成再次达到新的平衡。村松希望通过向建筑史领域引进这个概念模式，来总结和归纳不同文化接触时所产生的文化变异。并且，这样的抽象模式的另一个有益之处在于可以用这一个模式来连接近代和近代以前的历史，解决中国和日本建筑史研究共同存在着的近代和近代以前处于隔断状态的问题。

会议中也提及了构筑东亚建筑史的具体实施步骤和课题。如王其亨教授提出应该首先编制东亚建筑史年表的建议。而在王其亨教授的"清代皇陵定陵的设计原理"演讲中演示的大量图纸信息使得与会学者们提出"中国和日本何时开始绘制科学性[四]立面图、剖面图，起因又在何处"的内容感到不解，提出今后这一方面也可以成为一个讨论的专题。此外，21世纪的建筑历史研究除了建筑形式和空间之外，还应有从环境出发的研究角度，例如对古建筑的光、声、风等方面的研究。

本次会议的最终目标为构筑东亚建筑史。"东亚"的文化概念以及地理范围目前还不能得到明确地划分，只能暂时地确定为中国、日本，韩国（或者朝鲜半岛）的范围。这三者在近代以前，文字上均使用汉字，佛教是三者的共通文化，而建筑上均以木结构为主。但是，三者的一体性还没有西欧那么强韧。之所以有西洋建筑通史，正是因为欧洲通过拉丁语和基督教获得文化上的连带感。

然而，放眼地球，近代以前的东亚还是可以构成一个比较大的木构建筑文化圈，因此也有必要构筑东亚建筑史。通过学术性的比较研究，以往模糊的相似性和共时性会得到明确，而各自的个性也会因此突现，通过比较研究，呈现东亚建筑文化圈的共性和多样性。本会仅仅是一个开端，今后还会继续下去。

（本文系"木构建筑文化遗产保护与利用国际研讨会"交流论文。）

[一] 関野克：《文化財保存科学研究概説 (1-6)》，《保存科学.創刊号》，東京文化財研究所，昭和三十九年。

[二] 冨島義幸：《平等院鳳凰堂：現世と浄土のあいだ》，吉川弘文館，2010 年。

[三] 村松伸：《日本における前近代建築の"文化触変 (acculturation) に関する研究の現状と課題".東アジア建築史研究の現状と課題（報告書）》，東京：東京大学生産技術研究所，2015 年，第 39 ～ 52 頁。

[四] 指近代时期开始出现的有比例和真实尺度、几何正投影的建筑图，而非示意图。

参考文献：

［一］ 太田博太郎等：《日本建築史基礎資料集
成 5. 仏堂 2》，東京：中央公論美術出版，
2006 年。

［二］ 太田博太郎等：《日本建築史基礎資料集
成 14. 城郭 1》，東京：中央公論美術出版，
1978 年。

［三］ 太田博太郎：《日本建築史序説》，東京：
彰国社，昭和二十二年。

［四］ 井上充夫：《日本建築の空間》，東京：鹿
島出版会，1969 年。

［五］ 平野健一郎：《国際文化論》，東京：東京
大学出版会，2000 年。

［六］ 日本建築史学会：《建築史学》，東京：第 39 号，
2002 年。

［七］ 日本建築史学会：《建築史学》，東京：第
49 号，2007 年。

［八］ 藤井恵介、王貴祥、村松伸：《東アジア建
築史研究の現状と課題》，東京：東京大学
生産技術研究所，2015 年。

【日本传统木结构建筑】

Traditional Timber Structures in Japan

[日]小松幸平·日本京都大学

Kohei Komatsu   Kyoto University, Japan

摘　要：在日本现存的传统木构中，大家普遍认为存在着四种明显不同的建筑形式，即飞鸟样式（只存在于飞鸟时代）、和样、大佛样和禅宗样，还有一种特别的形式叫折衷样，它是后三者的混合体。在本文中，首先会介绍这四种建筑形式主要部分的一大典型特征。然后简单解释下这些庞大的传统木构建筑为何能够历经岁月的洗礼保存到今日，即它们的机理，比如平衡的屋顶结构如何承受屋顶和屋檐造成的垂直重负荷以及柱子、泥砌墙以及窄贯穿梁等木构元素如何抵御水平地震或风荷载，此文会用简单的机械模型予以解释。

关键词：木结构　建筑　样式　机理

109

Abstract:In Japanese existing traditional timber structures, four different building forms are recognized. Namely, *Asuka*-style (飛鳥樣式), *Wayo*-style (和樣), *Daibutsuyo*-style (大仏樣) and *Zensyuyou*-style (禅宗樣). In this article, at first typical characteristic points, which may characterize major parts of those four building forms, are to be introduced. Then the mechanism, how those traditional timber buildings have sustained their huge structures for long years from earthquake attacks, will be briefly explained.

Keywords: wood structure architecture style mechanism

1. Brief Introduction of Four Structural Forms

1.1 *Asuka* Style （飛鳥樣式）

Buddhism was brought to Japan in the early 6th century, at the same time building technique was also brought from Continent. In addition to the traditional Dug-Standing-Pillar technique being used in Japan, such new construction

Fig. 1.1 "Kon-dou" of "Houryuji" Temple (7C)

methods or techniques as "pillar was put on foundation stones", "support roof structure by bracket complex over the pillar", and "resist against horizontal force by mud-shear walls" were introduced and further more a revolutionary material as "roof tile made of burnt clay" was brought from Continent then Buddhism culture has opened its balsams in *Asuka*-era （飛鳥時代：AC592-AC710）.

Figure 1.1 shows structure of "*Kon-Dou*" （金堂） of "*Houryuji*" Temple （法隆寺） which is said to be constructed in the early 7th century and is surviving for more than 1400 years. One of the most characteristic points of Asuka-style is that "the cloud-patterned bracket arm complex" is used as shown in Figure 1.2. This kind of pattern looks like Continental pattern at the first instance, there is, however, no concrete evidence that this form of bracket complex was derived from the Continent.

Beside "*Houryuji*" temple, only one temple called as "*Hokiji*" temple （法起寺）, having the same structural characteristic as that of "*Horyuji*" temple, still exists near the same area as shown in Figure 1.3.

1.2 *Wayo* style 和様（Japanese Style）

According to the description of JAANUS [1], characteristics of *Wayo* buildings might be expressed as "simplicity, conservative use of ornamentation, predominance of natural, untreated timbers and often plain white plastered （mud） walls, low ceilings, enclosed intimate spaces and simple, curved lines". Figures 1.4 and 1.5 show typical *Wayo* temples constructed in *Nara*-period and *Kamakura*-period. These examples are all Japanese national treasures.

In Wayo buildings, relatively thick columns, *Kashira-Nuki*（頭貫）（Head-Penetrating Tie Beams）（Fig.1.7）, *Mitesaki-Tokyou* （三手先斗拱 A Three Stepped Bracket Complex） （Fig.1.8）, *Nageshi*（長押）（Fig.1.9） and mud shear walls were preferably used

1.3 *Daibutsuyo* style 大仏様 （Building style used for constructing *Todaiji* temple）

Daibutsuyo might be defined as an unique construction style brought from China by priest *Chougen* who was responsible for re-building *Toudaiji* temple （東大寺） in 12C （Fig.1.6）. The characteristic points of it might be expressed as "use of continuous column, no ceiling but showing off roof framing intentionally （economical structure）, use of a lot of "Nuki"（penetrating tie-beam） passing though columns for consisting of a kind of semi-

Fig.1.2 Cloud-patterned bracket arm complex

Fig.1.3 Three story pagoda of *Hokkiji* temple as another existing national treasure of *Asuka*-style. (AC706)

[1] JAANUS: Japanese Architecture and Art Net Users System, http://www.aisf.or.jp/~jaanus/

111

Fig.1.4 East Pagoda of *Yakushiji* temple (薬師寺東塔) (AC730)

Fig.1.5 *Akishino-dera* temple (秋篠寺) (12C)

Fig.1.6 Relatively thick columns in *Todaiji tegai-mon* gate (東大寺転害門) (12C)

Fig.1.7 *Kashira-Nuki* (頭貫 Head-penetrating tie beams) on corridor column of Horyuji temple added in Nara-era.

Fig.1.8 *Mitesaki-tokyou* (三手先斗栱 A Three Stepped Bracket Complex) in east pagoda of *Yakushiji* temple. (AC730)

Fig.1.9 *Nageshi* (長押non-penetrating tie beams to fit around pillar) in *Akishino-dera* temple (12C)

112

Fig.1.10 *Nandai-mon* gate in Toudaiji temple built in 1199. One of the existing two buildings originally constructed by priest *Chougen*.

Fig.1.11 Six steps bracket complex composed of a lot of *Nuki* and *Sashi-hijiki* showing quite different feature from that of *Wayo-style*.

rigid frame structure, peculiar dynamic bracket complex composed of a lot of continuous beams such as *Nuki* or Sashi-hijiki to sustain moment at beam-column joint which made it possible to realize a wide and dynamic free space".

Figures 1.10 and 1.11 show *Nandai-mon* gate (南大門) in Toudaiji temple that is the most famous, biggest and still existing timber building constructed in 1199. Figure 1.12 and 1.13 show *Jyoudoji joudo-dou* (浄土寺浄土堂) constructed in 1192. At present, we can only see these two national treasure temples which were originally built by priest Chougen using Daibutsuyo style and still exist.

Fig.1.12 *Jyoudoji joudo-dou* (浄土寺浄土堂) built in 1192. One of the remaining temples originally built using Daibutsuyou style by priest Chougen

Fig.1.13 Three steps bracket complex located at a corner of *Jyoudoji joudo-dou* (浄土寺浄土堂) built at Ono-city, Hyougo prefecture.

Fig.1.14 Gate of *Chioin* in *Kyoto* city. This gate is the 1.biggest among Japanese temples gates and was constructed in 1621.

Fig.1.15 Gate of *Nanzenji* temple in *Kyoto* city. A representative large gate of *Zensyuyo* temples in Japan, constructed in 1628.

1.4 *Zensyuyo* style 禅宗様

Zensyuyo might be defined as a temple style imported from China during the Sung dynasty （960-1279） for the *Zen*-sect's temples. In Zensyuyo style temples, a lot of "*Nuki*" （penetrating tie-beam） was used, column became slender, and bracket complexes became more complicated and were located not only just on the column but also between columns. Rising-up of eaves became steeper compared with that of *Wayo* due to the help of *hanegi* （hidden balance beam） inserted into inside of the roof structure. Ornamental aspect became more complicated compared with ancient styles. Figures 1.14 and 1.15 show representative temples constructed by *Zensyuyo*-style in Kyoto city.

2. Resisting Mechanism for Vertical Load

2.1 Balanced Roof Structure in Ancient Years

In *Aska-style* building, the role of *Odaruki* （尾垂木：Tail rafter） was very important and it did work as the balance beam which had a role to take the equilibrium between inner roof loads and outer roof loads as shown in Figure 2.1 [1].

In Wayo-style temples, the role of *Odaruki* was same as that in *Aska-style*. It acted important roles not only for structural balanced beam but also as decorative members. Figure 2.2 shows a Wayo-style the roof structure under restoration work.

2.2 Balanced Roof Structure in Relatively New Styles

Since *Hanegi* （桔木：hidden balance beams） was found out in 12C, *Hanegi* took place the main role as structural members,

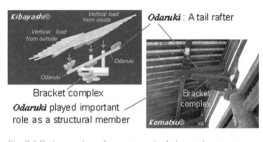

Fig 2.1 Balanced roof structure in Aska style structure.

Fig. 2.2 Details of Odaruki and bracket complex under restoration work. Photo was taken at the restoration work site of Tousyoudaiji temple （唐招提寺） originally built in 8C.

Fig. 2.3 Balanced roof structure where Hanegi took main part as structural members for raising up the eaves members

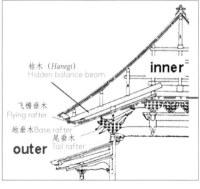

Figure 2.3 [2] Balanced roof structure where Hanegi took main part as structural members for raising up the eaves members in relatively new style temple in Japan.

because they could be set arbitrary in any place as much as required at inner part of roof where is invisible from outside, while *Odaruki* was located outer part of roof where is visible from outside as shown in Figure 2.3, therefore traditional balance beams *Odaruki* （Tail rafter） became partly as a kind of decorative members.

3. Resisting Mechanism for Horizontal Load

3.1 Column Restoring Force

In the case of large cross sectional column, some amount of horizontal resistance force can be expected by the column restoring force itself （Fig.3.1）. In ancient traditional timber structures having large cross sectional column, this force played important role against horizontal force by associated with heavy mud-shear walls.

3.2 Shear Resistance Due to Mud Shear Wall

Collaborating with the restoring force of large cross sectional column, mud shear wall composed of wooden laths and thick mud layer have been played important role for resisting against horizontal force. Figures 3.2.（a）to （d） show the features of full-scale destructive tests for making sure the both roles of mud-shear wall and the restoring force of large cross sectional columns on the total lateral shear resisting performance of ancient traditional wall structure [3]. It is clear from the experiment that the contribution of "Column Restoring Force" on the total shear resistance force was about 40% [4]. This will be the case only

[1] Drawing in the left-side of figure 2.1 was quoted from Kibayashi's lecture note to be referred as : N. Kibayashi : "Mechanism of Traditional Wood Construction", 2005. (unpublished)

[2] Drawing in the right-hand side of figure 2.3 was quoted from an encyclopedia to be referred as : Wood Architecture Forum (edited) "Graphical expressions Encyclopedia of Wood Architectures, Basic version",Gakugei-syuppa-sya,1995.

[3] Tomoyuki Hayashi et al. : "Full-size test of ancient traditional wooden frame under horizontal loading Part-3 Lateral loading of load-bearing wall made by clay", #22075, Summaries of Technical Papers of Annual Meeting, Architectural Institute of Japan, (Cyugoku), pp.149-150, September, 1999. (in Japanese)

[4] Photos (a), (b) and (c) are courtesy of Forestry & Forest Products Research Institute in Tsukuba, Japan. Original drawing-(d) was quoted from reference 2) under permission of Kibayashi and edited by the author into English version.

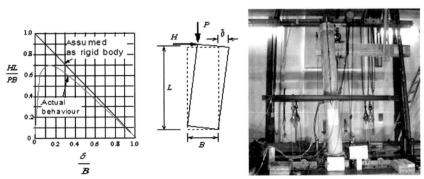

Figure 3.1 Concept of the "Column Restoring Force" and an experimental verification of it.

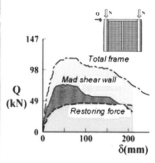

(a) Only skeleton　　(b) Skeleton + Mud wall　(c) Failure of mud-part　(d) Contribution of each parts.

Figure 3.2 Full-scale destructive tests on ancient traditional wooden mud shear wall

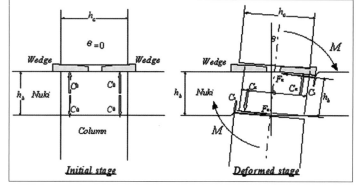

Figure 3.3 Definitions of Nuki-joint mechanical model6).

C_0: Initial compression due to wedge insertion

C_e: Compression due to embedment of Nuki

F_e: Friction due to embedment of Nuki

C_s: Spring back resistance

E_{w90}: Modulus of elasticity perpendicular to the grain.

b: Width of Nuki

μ: Friction coefficient

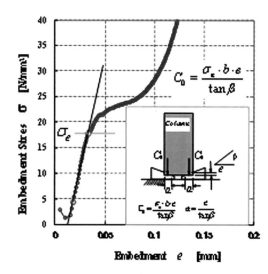

$$C_0 = \frac{\sigma_e \cdot b \cdot e}{\tan \beta}$$

$$M = \left\{ (C_e + C_s) + C_0 \right\} \cdot e + (F_e + F_0) \cdot h_b \quad \cdots\cdots\cdots (1)$$

$$C_e = \frac{b \cdot h_c^2 \cdot E_{w90}}{8 h_b} \cdot \theta \quad \cdots\cdots\cdots\cdots (2)$$

$$F_e = \frac{\mu \cdot b \cdot h_c^2 \cdot E_{w90}}{8 h_b} \cdot \theta \quad \cdots\cdots\cdots\cdots (3)$$

$$F_0 = \mu \cdot C_0 \quad \cdots\cdots\cdots\cdots\cdots\cdots (4)$$

$$C_s = \frac{2 b E_{w90} h_c}{3} \left(1 - e^{-\frac{3 x_1}{2 h_b}} \right) \cdot \theta \quad \cdots\cdots\cdots (5)$$

Figure 3.4 Determination of initial optimum wedge insertion depth and some equations for prediction M.

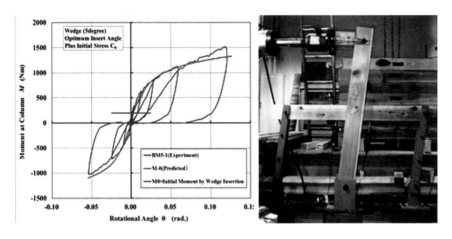

Figure 3.5 Comparison between experimental result (blue curve) and theoretical prediction (red curve) [1] [2].

for ancient structures such as Aska or/and Wayo style in which cross section of columns were relatively thick.

3.3 Moment-Resisting Performance of *Nuki* （penetrating tie-beam） Joint

Moment-resisting performance of *Nuki* （penetrating tie-beam） joint has also been playing very important role for reinforcing lateral resistance of traditional wooden structure against earthquakes and strong winds. The mechanical models derived by our research group will make sure how this performance will be arose from each contributions of constituent elements. Figures 3.3 to 3.5 will explain about performance enhancing mechanism of Japanese Nuki-joint.

Initial optimum compression C_0 due to wedge insertion was estimated as the resultant force when embedment stress on the wedge member reached to its proportional limit stress σe as explained in Figure 3.4 [2]. Total resisting moment M before yielding is calculated as a sum of each resistance C_e, F_e, C_s and C_0 as eq.（1）. After yielding occurred, prediction equation becomes quite sophisticated thus it was omitted to show here. A comparison between experimental result and theoretical prediction based on the proposed mechanical model is shown in Figure 3.5. Better agreement was obtained between observation and prediction.

3.4 Moment-Resisting Performance of Traditional Portal Frame

Traditional portal frame has been composed of some important moment-resisting components such as bracket complex, Nuki-joint and column restoring

117

[1] Akihisa Kitamori, Yasuyo Kato, Yasuo Kataoka and Kohei Komatsu:"Proposal of mechanical model for beam-column 'nuki' joint in traditional timber structures",Mokuzai Gakkaishi（Journal of the Japan Wood Research Society）,49（3）, pp.179-186, 2003.（in Japanese）

[2] Yasuyo Kato, Kohei Komatsu, Akihisa Kitamori: "Role of wedges on the stiffness and strength of column-"Nuki" (narrow beam) joints in traditional timber frame structures", Mokuzai Gakkaishi （Journal of the Japan Wood Research Society）,49（2）, pp.84-91, 2003.（in Japanese）

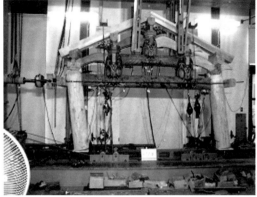

Fig 3.6 Test set-up of partial full-scale Taiwanese wooden portal frame specimen

force. In order to make sure the contribution of these resisting components to the total resisting performance of portal frame, a partial full-scale destructive experiment of Taiwanese traditional portal frame was carried out as shown in Figure 3.6 [1].

Contribution from two brackets on the column was modeled theoretically as shown in Figure 3.7 Contribution from（half）Nuki-column joint was modeled theoretically

as shown in Figure 3.8 And contribution of column-restoring force was modeled using the design chart proposed by Japanese Agency for Cultural Affairs [2] as shown in Figure 3.9.

Figure 3.10 shows final comparison between prediction and experimental observation.

The left-hand side graph of Figure 3.10 indicates contribution from three resisting component. It is clear from these relationships that only column restoring force cannot achieve large deformation but can do it by collaborating with other two bi-linear resisting components.

4. Summary

1. In Japanese traditional timber constructions, there are major four kinds of construction forms.

2. Each construction forms have their peculiar characteristics. Among them, "*Wayo*"（Japanese form）might most typically

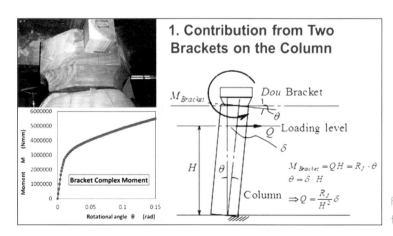

Figure 3.7 Moment-resisting function of bracket complex.

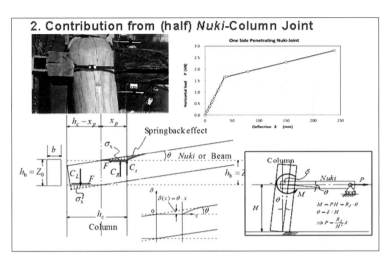

Figure 3.8 Mechanism of moment-resisting (half) Nuki-joint.

[1] Sok-Yee Yeo : "Structural Performance of Taiwanese Traditional Dieh-Dou Timber Frame", Thesis for Doctor of Philosophy, Department of Architecture, National Cheng Kung University, May 2016.

[2] Agency for Cultural Affairs (ACA) : "Implementation Guidance for Basic Seismic Assesment of Important Cultural Properties (Buildings) , 2nd edition, Tokyo, Agency of Cultural Affairs, 2012.

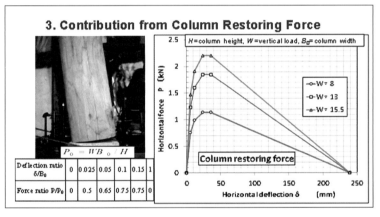

119

Figure 3.9 Non-dimensional design parameters given by ACA9) and its application for predicting column restoring force having three different height-diameter's configurations.

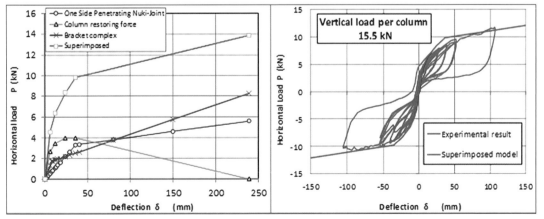

(a) Contributions from three resisting components   (b) Prediction vs experimental result

Figure 3.10 Final comparisons between prediction (red line) and experimental observation (blue line).

represents "simple" and "calm" Japanese traditional timber structures.

3. In ancient wooden traditional structures, "*Odaruki*" （尾垂木） took important structural role as the balance beam for supporting heavy roof weight but since "*Hanegi*" （Rough balance beam桔木） was found out, it became partly decorative member.

4. In ancient wooden traditional structures, contribution of "Column Restoring Force" on the total shear resistance performance of shear wall was about 40%. This tendency will be held good only for the case in which cross section of columns were relatively thicker.

5. Behaviors of traditional timber frame structures might be able to predict by taking each element's moment-resisting performance into considerations carefully.

（本文系"木构建筑文化遗产保护与利用国际研讨会"交流论文。）

【18～19世纪的中日传统观演空间之比较研究】

A Comparative Study of Traditional Theaters of 18th-19th centuries in China and Japan

奥富利幸·日本近畿大学建筑学部
包慕萍·东京大学生产技术研究所

摘　要：中日戏曲虽然有共同的起源，但是随着13世纪以后各自的发展，表演的剧目形态变得完全不同，使得中日各自形成了各有特色的观演空间。本文的目的为比较验证中国和日本的传统剧场空间构成的异同，指出两者自18世纪以后均从临时性、室外的空间类型向固定化及室内化的空间类型转化的共同发展方向。本文的研究对象主要为中日18世纪以后的观演空间实例，包括民间建筑和皇家建筑。然而中日观演建筑的空间构成却相同点多于不同点。舞台和观览席各为独立的建筑单体，隔着院子对峙布局的空间构成方式为中日观演建筑中最大的共同点。

日本宫殿建筑中的常设观演建筑一直到20世纪初才得以实现。从这个意义上讲，北京宫廷里的倦勤斋实现了把戏台和观览席包括在一个大空间里的室内化尝试，并因恰当的比例尺度设计以及空间一体化的贴纸装修方法，创造出品格高雅的观演空间，无愧为东亚室内化剧场建筑的先驱之作。

关键词：观演空间　比较　研究

中国的唐代散乐传入日本之后，在14世纪形成了日本化了的能乐艺术。因此，可以说中日的传统表演艺术有着共同的源流，但是艺术本身伴随时代的变迁而改变，使得中日各自形成了各有特色的观演空间。本文的目的为比较验证中国和日本的传统剧场空间构成的异同，指出两者自18世纪以后均从临时性、室外的空间类型向固定化及室内化的空间类型转化的共同发展方向。

中国的戏剧有著名的元代的元剧、宋代以前的古戏剧等，但是对后世剧场空间发挥巨大影响的还属明清时期的剧场。本文的研究对象主要为中日18世纪以后的观演空间实例，包括民间建筑和皇家建筑。

一 日本江户时代的观演空间及室内化发展

1. 能乐、歌舞伎与舞台形式

能乐的源头可以追溯到从中国唐朝传来的散乐。散乐是以曲艺、杂技、魔术为主的表演艺术，也是中国民间艺术、大众表演艺术的总称。传入日本后与雅乐一同受到宫廷的保护，设置了"散乐户"。当时散乐是作为舞乐的一部分在宫廷大殿前的庭院表演，后来传到民间，并在户外场地作为祭祀典礼的表演艺术得到发展。也就是说当时并没有建造特别用来表演的舞台和场地。

14世纪的室町时代，世阿弥^[一]把民间说唱艺术"田乐"升华为有曲有故事性的"能乐"，并被武士上流社会吸收为庆典仪式时专门使用的"式乐"。此后直至幕府政权终焉，能乐一直是武士上流社会专用的传统艺术，除非特别许可，庶民不可僭越观赏。在天皇的宫殿中，新年庆典的其中一个节目就是在正殿前的院子中搭设能舞台，招待幕府将军以及皇族及贵族等观看能乐演出。17世纪初也就是江户时代，从能乐中分支发展出来的歌舞伎变成了面向庶民大众阶层的观演艺术。因此，日本的传统艺术能乐与歌舞伎的娱乐对象有着阶层上的差别。天皇宫殿中只上演能乐，因此宫殿中的观演空间属于能乐剧场。近代以后，能乐成为日本具有代表性的传统艺术之一，与中国的昆曲在同一年即2001年被指定为世界无形文化遗产。歌舞伎于2009年被指定为世界无形文化遗产。

能乐与歌舞伎在表演形式上也有很大的不同，这种不同甚至导致了表演能乐的观演空间、19世纪以后称为"能乐堂"的空间构成，与歌舞伎剧场"歌舞伎座"成为完全不同的两类剧场建筑。具体来说，虽然能乐和歌舞伎的表演者都是男性，但是能乐的故事更抽象以及涉及现世和前世，具有浓厚的佛教色彩。演员使用各种能面，根据老翁、少女、狂人、怨灵等不同个性的人物，搭配同一系列的装束进行表演。舟船花轿等道具也非常简化、抽象，甚至只用动作来表达某种道具的存在。咏曲时并不根据性别、年龄而做声音的改变。因此，能舞台本身一直保持着传统的尺寸大小和平面构成，最终演化为历史越悠久的舞台越具有神圣性，因此经常出现赠送能舞台的史实，导致同一能舞台经历过多次的移筑。而歌舞伎的故事更接近一般世俗社会的生活，不用面具，根据男女角色的性别化装以及做嗓音的改变。舞台背景道具也非常具像并且追求原真大小，因此后台布景的设施非常复杂。还有一点不同是演员出场方式的不同。歌舞伎从"花道"出场，"花道"的起始点设在观众席的后面，穿越整个观众席登上舞台（图1）。而能乐是从与连接后台与舞台的"挂桥"登场（图2）。"挂桥"是始源形式，于1668年（宽文八年）在京都的歌舞伎座剧场首次出现"花道"，以后成为定式。因此，歌舞伎的舞台最初虽然使用传统形式的能舞台，但是很快规模扩大化以及为了设置各种机关而复杂化，致使能乐堂和歌舞伎座成为两种不同的观演建筑空间。本文主要以面向上层社会的能乐表演空间为研究对象。

观赏能乐的传统性观演空间由能舞台、乐屋、露天院子和观览席组成（图3）。如

122

图1 宽政年间（1789～1801年）歌舞伎座剧场室内景观（河竹繁俊：《日本演劇図録》，东京：朝日新闻社，昭和三十一年，第149页）

［一］ 世阿弥，生没年1363～1443年，日本室町时代的能乐师，能乐的集大成者。著有《风姿花传》《至花道》《金岛书》等多数艺术论著。现代能乐中的观世流为世阿弥能的嫡传。

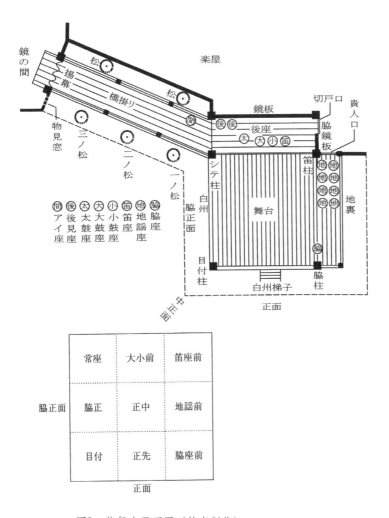

图2 能舞台平面图（笔者制作）

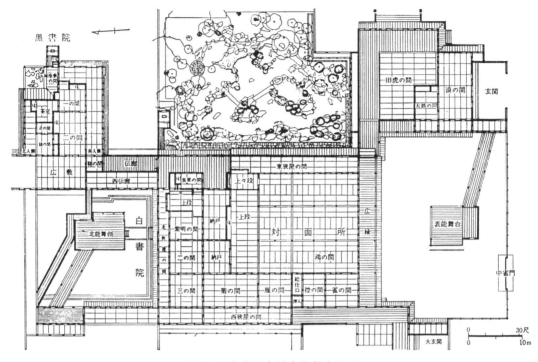

图3-1　京都西本愿寺能舞台平面

图3-2　京都西本愿寺能舞台外观（日本建筑学
　　　会：《日本建筑史图集》，东京：彰国
　　　社，1980年）

图2所示，能舞台又可细分为斜向连接着出入口和舞台的"挂桥"，四柱支撑的5.4米正方[一]的舞台以及舞台左侧的地谣座、后

面的后坐等几个部分。舞台三面开放，后面用木板封闭，木板上画有老松，梅花及竹叶等，称为镜板。舞台出口处挂有佛教崇尚的五色锦缎帘子，出入口里面的房间称为"镜之间"，因墙面挂有镜子而得名，以便于表演者在登台前做最后的确认。舞台后面有乐屋即后台。后台与舞台后坐之间设有半人高的小门，解说人或者伴奏者从这个附属入口出入。方形舞台的屋顶有歇山、悬山和攒尖几种，屋面多铺设"柿葺"木片瓦[二]（图4）。能舞台建在住宅或宫殿的室外时，一般在四周的建筑中设置临时的观览席。能舞台如果设在神社或寺庙等空旷的空地时，在露天铺设临时的观览席。

上演能乐的场所即能舞台及其周围环绕

的观览席的空间布局也随着时代发生演变。江户初期的17世纪初形成了后世成为主流的观演能乐的空间形式。大多数的情况下，能乐师们去武士上流阶层的宅第中表演。因此，武家宅邸的院子中建有能舞台，观览席设在围绕着院子的三面房间里，观览席与舞台之间隔着铺了白色鹅卵石[三]——叫做"白州"的露天院子。时而也有不依附既存建筑，单独建造的演能场所，但是这些场所大多数是搭建的，属于临时性舞台和观览席。

2. 日本传统观演空间的室内化

到了室町时代的15世纪，寺院或者神社为了集聚新建或者改建寺院或神社建筑、雕像等建设资金，在得到幕府将军特别许可

图4　"柿葺"木片瓦（横浜市市民局文化施设课编：《旧染井能舞台复原修复工事报告书》，横浜：横浜市，1986年，第211页）

之后，可以建造临时性的、供一般大众们观看的能乐表演场所，叫做"劝进能场"，"劝进"意思是奉劝多捐赠净钱，"能场"即为表演能乐的场所。具体实例如1464年（宽正五年）足利义政将军批准"观世座"（能乐流派）的音阿弥（能乐师名）举办了"劝进能乐"的演出，这个临时的剧场就叫做"劝进能场"。

"劝进能场"不依附既有建筑，在城市里的空地上建造，其平面核心是能舞台。周围环绕63间环状楼座，中央部分为四周有勾栏的榻榻米席位。与能舞台正对的楼座设置了共7间的最上等的贵宾席。最中一间称为"神座"，供小儿僧使用，"神座"东侧三间是为幕府将军使用，西侧三间供将军家人使用。接着的东西两侧根据地位高低依次对称设置出家皇族、贵族和诸侯们的座位。

劝进能场绘卷（图5）是1848年（弘化五年）建造在江户（东京）筋违门外的"劝进能场"的室内景观。能舞台由竹垣环绕，舞台周围是勾栏分隔的榻榻米席位，在榻榻米席和最外围的两层楼座之间设有通长的没有分区的散座区。楼座和舞台有正式的屋顶，散座区上方搭着竹席顶棚，榻榻米席位上方搭着透光的油纸。虽然是临时性的做法，但是也显示了观演空间向室内化方向发展的倾向。

到了明治时期，常设的能乐观演空间才得以诞生，这个常设建筑以及

[一] 标准舞台大小俗称"京间三间"。"京间"指柱子内径之间的净距离，此处"间"指长度，为1.8米。因此舞台的净尺寸为5.4米正方。

[二] 日语作"柿葺 kokerabuki"。日本古来有选用防水性能好的木材加工成可以当屋面瓦使用的小木片的"板葺"传统，从中国大陆传入烧瓦技术之后仍然保持这种传统。并且根据加工木片的不同厚度、大小有不同名称。"柿 kokera"是其中最薄的一种木片，一般厚度为2～3毫米，因此屋面曲线也更纤细优美。

[三] 唯有京都的西本愿寺的北能舞台的白州使用了黑色鹅卵石。

图5　1848年《劝进能场绘卷》法政大学鸿山文库所藏

126

室内化了的观演空间，被称为"能乐堂"。因此，能乐堂这个词汇具有近代化了的剧场建筑类型的意味在里面。

二　中国清代的观演空间及其室内化发展

1. 中国观演空间与戏台

笔者通过阅读1821年（道光元年）的《金台残泪记》[一]和《梦华琐薄》[二]了解了当时北京的剧场建筑情形。当时的剧场大致可分为"戏庄"和"戏园"两种。

戏庄被称为某某堂或某某会馆，是大宴会厅兼剧场的空间形式。另一方面，戏园就是被称为某某园、某某楼、某某轩等普通的剧场。大型戏园有广德楼、广和楼、三庆园、庆乐园等等。另外，戏园只提供茶水和点心，不提供酒水，所以也称作茶楼或者茶园，如丹桂茶园、天乐茶园、天仙茶园、春桂茶园等。

为了便于比较中日剧场平面，这里首先简要地归纳中国舞台的平面特征。舞台被称做戏台或者前台。戏台正面两侧设两个漆黑大圆柱，中央上方挂设写着剧场名称的匾额，如某某茶园。在戏台左侧的柱子上悬挂当天节目名称。

戏台平面为方形，边长约17～20尺，戏台高3～4尺。戏台前面及左右围绕着栏杆。戏台后墙左右两侧设有小门，垂着帘布，供演员出入，右边是上场门，左边是下场门，两个门合称为鬼门道。因为演员扮演的都是已经过世的历史人物，所以称为鬼门道。

戏台后面是后台，后台也叫戏房，大部分都是用木板与前台隔开。后台一般宽6～7丈，进深2丈，铺设石砖地面。只有与前台连接的、进深为1间的部分的地坪高度和前台地坪保持等高，此处比后台其他部分的地坪高出2尺，后台也只有此处铺设木地板，演员们就在这里候台。

观览席围绕着舞台呈三面布置，观览席的中心部位叫池子或者池座（图6）。池座设圆桌或者方桌的桌椅，更简略的座位是长凳垂直于舞台正面摆放，观众面对面落座，侧身看向舞台。围绕池座再设两层楼的楼座，舞台左侧称作左楼，正面为正楼，右侧为右楼。左楼、右楼、正楼的楼上是"官座"（包厢），按开间分隔包厢。左楼、右楼摆设桌子，正楼不设。楼座的楼下叫做散座，这里转圈摆设长桌和长凳。入场券称为茶票，散座百钱，官座的价钱是散座的7倍[三]。显然，官座是贵宾席，最有人气的是可以看到演员退场的下场门侧的第2个官座。散座分成前后排，前排是长凳，后排是高脚椅。

戏台和左、右楼座围合处的观众席称为钓鱼台或小池子，一般认为下场门比上场门那侧好。戏台和楼座部分架设屋顶，而池座为院子空间，没有屋顶，颐和园和德和园就是这样的事例。时而在院子里池座上方搭设临时的天棚。总之，中日的传统观演建筑的初始空间模式均为有屋顶的舞台和露天的观众席组合而成（图7），并且都有在露天观众席的上方搭建临时性屋顶的做法，都是向着室内化剧场的方向发展。

[一]［清］半标子著：《金台残泪记三卷》，台北：明文书局，1985年复刻（道光八年初版）。

[二]［清］张次溪纂：《清代燕都梨园史料》，北平：邃雅斋书店，1934年。

[三] 同注 [一]。

127

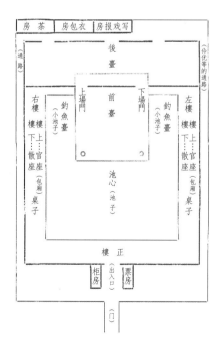

图6　中国传统剧场平面图（青木正儿：《支那近世戏曲史》，东京：弘文堂书房，1967年）

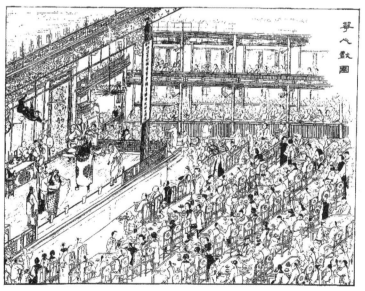

图7　1884上海戏院图（光绪十年刊申江胜景图）

2. 中国传统观演空间的室内化——以北京故宫戏台为例

北京故宫里共有三处四个戏台[一]。建设年代最早的是位于重华宫东院的漱芳斋庭院中的大戏台，建于乾隆元年的1736年。皇帝正月接受朝贺后，在此宴请王公大臣们看戏。在漱芳斋工字殿里的后殿里还有一个设在室内的小戏台，但是这里没有常设的观众席，需要在观戏时临时设桌椅。初二到初十，皇帝在此宴请文臣观戏并品尝三清茶，限定18人。

故宫里规模最大的是畅音阁大戏台。乾隆皇帝为了自己退位后使用建造了宁寿宫，畅音阁大戏台位于此建筑群的东路南部，戏台建于1772年，为三层楼阁式建筑，对面设置了观览使用的悦是楼。正面为皇帝和后妃、皇子们的坐席，两侧厢廊为大臣们的坐席。这一处观演空间无论是戏台还是起着观览席作用的悦是楼，都可以说是功能完备的建筑单体，但二者之间仍然是对峙布置在露天院子的南北，仍然是室外化的观演空间。

故宫里第三处观演空间为坐落在的宁寿宫北部，俗称"乾隆花园"的最西北处的倦勤斋，其内部设戏台。倦勤斋始建于乾隆三十七年（1772年），第二年落成。之后进行室内木隔断装修工程，于1774年竣工。室内墙面贴画和通景画于乾隆三十九年（1774年）由如意馆画家和一些大臣绘制，至乾隆四十四年（1780年）绘制完成。

倦勤斋建筑为九开间，西侧四间为观演空间。最西端设置戏台，戏台为金色的单层攒尖顶建筑（图8），对面一端设置专供皇帝观看的炕，其上再设御座（图9）。而二层楼座供后妃们使用。这是故宫建筑中形成的建筑之中有建筑的完全室内化了的小型观演空间。它比同为室内化了的漱芳斋小戏台里的观演空间进化了两点，一是观览席的固定化和常设化，二是室内做了空间一体化的西洋画壁纸装饰。

戏台为四柱方形平面，边长为3.12米正方，亦即设计尺寸应为10尺，比大众化的戏庄或戏园的舞台略小一些。戏台四面有勾栏围绕，仅中央处设出入口。戏台前方的左右方柱上挂有对联。戏台前方还设有没有屋顶的小戏台，宽约9尺，深约7尺。小戏台在正中前后设出入口，其他四面也围有勾栏。

倦勤斋戏台的最大的特点在于以往处于室外的戏台被放在了室内，可以把它看成是中国剧场建筑作为一个独立的建筑类型出现的征兆。故宫里的漱芳斋戏台也是室内化了的观演空间，但是，倦勤斋戏台的相当于后来的"观众席"的部分的完成度更高。更具有突出特征的是倦勤斋内包戏台和观览席的大空间的一体化室内设计。

对于倦勤斋戏台室内的绘画，目前有许多从美术史的角度来研究绘画的意义，称赞它的西洋式全景画的绘画技法。而在建筑上，笔者认为它的最大意义并不是壁画的绘画技法，而是把墙壁和天花都贴上壁纸的做法——这意味着西洋式的室内装修方法在中国宫殿建筑中的实践。中国传统建筑室内墙壁是土墙或者木隔扇，而天花吊顶又是独立于墙壁的小木作装修做法。可是，在倦勤斋戏台室内，墙壁和天花浑然一体地贴满了壁

图8 北京故宫倦勤斋内戏台（笔者摄影，2016年）

图9 北京故宫倦勤斋观览席（笔者摄影，2016年）

纸，使得室内空间得到了完整的统一感。因此，开间只有四间的倦勤斋观演空间，而且戏台和观览席各占一间，但是室内空间有整体上的开放感，这个开放感首先来自于墙壁和天花用同一种材质装修的效果，之后是因为绘画本身使用了透视感。

室内统一感的产生，还因为无论是建筑还是绘画，都使用了统一的材料——竹子。戏台的木柱的表面绘满了竹纹，天花绘制了竹子藤架，壁画上的栅栏等也用竹子表现。就连戏台屋檐下的椽子都画成用竹子做出来的样子，绘画母题贯彻的非常彻底。对竹子如此的青睐，应是乾隆的"南方趣味"爱好的反映。

如上所述，倦勤斋不仅是一个领先的室内宫廷观演空间，还通过贴壁纸的手法创造了具有统一感的空间，此外，全部用竹子表现出南方景致的绘

［一］以下内容根据笔者在2016、2017年故宫戏台调研。调研时受诲于北京故宫博物院古建部赵鹏高级工程师和王时伟主任，在此特别感谢。

画，也酝酿出了宽松、休闲的室内氛围，这些综合要素赋予倦勤斋戏台高雅的品格。虽然它的规模不大，但它创造出来的空间模式和建筑设计水平都是中国观演空间的巅峰之作，堪称典范。

三　中日传统剧场空间构成的比较

根据以上所述戏台（舞台）建筑实例的状况，对中国和日本剧场建筑空间特征作了如下的比较（表1）。

表1　中日传统观演空间平面构成比较

比较对象		中国	日本（以劝进能场为例）
舞台和观览席的基本构成		舞台与三面围合的多层楼座以及中心处的露天池座组成观演空间，多层楼座平面为方形	舞台周围有多层观览席围合，中央部是露天席位。楼坐观览席从圆形变为多角形
观览席	座位形式	官座（雅座）设有桌椅。散座设有长桌和长凳。池座也排放有桌椅	分楼座和一层的"枡席（勾栏分隔出的榻榻米座席区）"和出入口附近的散席
	贵宾席	正楼官座为贵宾席	舞台正对面楼座为贵宾席
	观览席的饮食	茶园提供茶水和点心，戏园提供饭菜和酒水	观众可以自带饭菜或酒水进剧场
舞（戏）台		戏台平面为方形，面积在17～20平方尺，比周围的池子地坪高3～4尺，正面左右有两个大圆柱。舞台面铺地有木板，石板或砖	舞台平面为方形，四柱支撑，面积为18平方尺，比周围的观众席地面高2～3尺。舞台面铺地只可以使用木板
屋顶		楼座上有屋顶覆盖，露天的池座时而会搭建临时棚架	楼座上有屋顶覆盖，舞台附近的"枡席"上搭建半透明的油纸顶棚，出入口附近的散席上搭建竹席屋顶
后台		戏台后面设后台。后台的地坪比舞台低，但只有与戏台相连的1间长度的地方与舞台面同高，供演员们在此候台	舞台斜后方有挂桥，穿过演员候台的镜之间就是后台。镜之间和走廊部分为木地板，后台房间为榻榻米铺地。后台与舞台低坪没有明显的高差
设计规范图		样式雷的皇家剧场	武家宅邸样式（当代广间图）

根据以上比较内容可以看出，中日传统观演空间具有三个共同点。其一，舞台（戏台）都是独立的、有屋顶的建筑单体。而且，舞台（戏台）都比观览席地面高，两者高度相比，中国戏台要高出1尺多。这与日本席地而座、视线较低的榻榻米式观众席高度相符。中日舞台建筑平面均为方形，其大小本身，可以说是基本一致的。即中国戏台边长在17～20尺之间，而日本是18尺，基本算是相同规模。两者不同之处在于中国戏台虽然有木地板铺地，但更多的是石板或砖铺地，而日本舞台只有木地板铺地一种。

其二，两者的观览席都有楼座和露天坐席，且楼座三面围合舞台。只不过中国戏院的楼座是矩形平面，而日本的楼座从圆形向多角形变化。而且，中日剧场的贵宾席都设在舞台正对面的二层楼座。两者观览席最大的区别是落座方式。中国用长桌长凳，而日本用榻榻米。另外，中国的大众剧场更具有娱乐性，有些可以提供酒水，兼饮食娱乐为一体。日本可以带便当在剧场内饮食，因为传统剧目一般要上演五个节目，演出要从早延续到晚上，但是在剧场内没有饮食服务项目。

其三，两者都经历了舞台与观览席建筑各为一个建筑单体，二者隔着院子对面布置，并随着时代的变化，逐渐在院子上空加盖临时搭建的屋顶，最后走向完全室内化的发展方向。

中日观演建筑最大的区别在于演员的上下场方式。中国的上下场台口在戏台的两侧，上场门和下场门合称鬼门道，由于演员扮演的是过世的人物而得名。而日本的表演能乐的能舞台从后台到舞台中间有长达10米的"挂桥"，歌舞伎座也有从观众席后面延伸到舞台的长达10～20米的"花道"。"挂桥"和"花道"也是分隔着往世和今生的象征性构件。所以，虽然鬼门道和"挂桥"和"花道"的形式不同，但是象征意义是相同的。

四　结　语

中日戏曲虽然有共同的起源，但是随着13世纪以后各自的发展，表演的剧目形态变得完全不同，然而中日观演建筑的空间构成却相同点多于不同点。舞台和观览席各为独立的建筑单体，隔着院子对峙布局的空间构成方式为中日观演建筑中最大的共同点。继而两者都在19世纪开始在露天院子的上空搭建临时屋顶，使得传统观演建筑逐渐走向室内化的剧场建筑。而且，无论是椅子式还是榻榻米式的坐席，中日观演建筑都对观众席的地坪高度没有调整，因此近代以前，虽然在空间上实现了室内化，但是没能解决观众席的视线阻碍问题。

日本宫殿建筑中的常设观演建筑一直到20世纪初才得以实现。从这个意义上讲，北京宫廷里的倦勤斋实现了把戏台和观览席包括在一个大空间里的室内化尝试，并因恰当的比例尺度设计以及空间一体化的贴纸装修方法，创造出品格高雅的观演空间，无愧为东亚室内化剧场建筑的先驱之作。

（本文系"木构建筑文化遗产保护与利用国际研讨会"交流论文。）

参考文献：

[一] [清]半标子著：《金台残泪记三卷》，台北：明文书局，1985年复刻（道光八年初版）。

[二] [清]张次溪纂：《清代燕都梨园史料》，北平（北京）：邃雅斋书店，1934。

[三] 青木正児：《支那近世戯曲史》，東京：弘文堂書房，1967年。

[四] 池内信嘉：《能楽盛衰記 下巻·東京の能》，東京：東京創元社，1992年复刻版（1926年初版）。

[五] 江島伊兵衛：《弘化勧進能と宝生紫雪》，東京：わんや書店，1942年（昭和十七年）。

[六] 奥冨利幸：《近代能楽堂の形成過程に関する系譜的研究：明治期から昭和初期までを対象として》，東京：東京大学博士学位論文，2003年。

[七] 奥冨利幸：《明治初期における能楽堂誕生の経緯－青山御所能舞台、能楽社の建設を通して》，《日本建築学会計画系論文集》，2003年，No.565，第337~342页。

[八] 奥冨利幸：《近代国家と能楽堂》，岡山：大学教育出版社，2009年。

[九] 奥冨利幸：《能楽堂の变遷》，《楽劇学》，2015年 No.22，第1~14页。

[一〇] 鈴木博之：《復元思想の社会史》，東京：建築資料研究社，2006年。

[一一] 日本建築学会：《日本建築史図集》，東京：彰国社，1980年。

[一二] 平凡社：《能（別冊太陽 日本のこころ25）ムック》，1978年11月。

[一三] 横浜市市民局文化施設課編：《旧染井能舞台復原修復工事報告書》，横浜，1986年。

[一四] 河竹繁俊：《日本演劇図録》，東京：朝日新聞社，1956年（昭和三十一年）。

【南宋明州与日本建筑文化交流】

杨古城·宁波工艺美术协会

摘　要：1167年，日本重源与荣西首登明州（今宁波市），此后重源运大木重修阿育王寺舍利殿（1196年），聘请鄞州工匠重兴日本奈良东大寺大铜佛及大佛殿、南大门、净土寺，移植浙东优秀的建筑和雕刻，而荣西将中国禅宗临济派及种茶饮茶建禅寺之法传入日本，并建天童寺千佛阁、东大寺大钟亭。明州大工陈和卿及石匠伊行末重建东大寺大佛殿石座胁侍，及南大门石狮子，石匠后人留在日本继续将石刻手艺传承10代，开创日本中世纪宋式大和派石雕流，为日本民间石雕的发展奠定了基础。成为南宋中日建筑文化交流史上光彩的一页。

关键词：日本　重源　荣西　伊行末　东大寺　净土寺　建筑　禅寺

133

缘　起

日本关野贞先生在《日本建筑史精要》书中，一开头就写道："当被问及今天日本建筑是如何发展而成的时候，我会毫不迟疑地回答，我们的祖先在上古所建造的建筑中，引进了中国、朝鲜等大陆建筑，吸收了其形式而发展起来。逐渐形成了和大陆建筑有所不同的我国所特有的建筑形式。"[一]

因此，我们在日本各大博物馆中见到日本上古建筑遗址或复原件，特别与中国江南建筑有类同点，尤与浙东河姆渡文化的干栏式、木柱入土或石础立柱木构屋架梁柱斗拱，更显现出其中传承关联。

据海交史、中日文化交流史等，可知在唐末之前中日建筑文化交流通过渤海湾和朝鲜半岛，故传入日本多属北方系建筑。而从唐末北宋之后，特别从南宋（1129年）起，即日本平安末至镰仓（1185年）时代，浙东佛教建筑及石刻等广泛传入日本，直到中国的明清。其中影响最大的当属日本重源、荣西及明州大工的引进和传承。

[一][日] 关野贞：《日本建筑史精要》，同济大学出版社，2012年。

一 日本遣使重源首登明州栖心寺和阿育王山

1127年，南宋建都临安，明州的"门户"优势更为突显。"市舶"之设置，外贸之盈利，官民皆得其益。特别还应关注到中日佛教文化交流中，北宋晚期天台宗重心移向明州，禅宗在浙东大兴。又因南宋自孝宗起由崇兴佛教丞相史浩（1106～1194年）、史弥远（1163～1233年）执政，倡建国寺"五山十刹"，明州占其三，故明州成为日本商贸及求法僧首选目标。其中中日史料记载的最翔实当推重源和荣西和尚。

1. 日本重源首访栖心寺

中国南宋著名的佛学名著《佛祖统记》卷四十七记载："乾道三年二月，日本遣使致书四明郡，庭问佛法大意，乞集名僧付使发函读之，郡将大集，缁衣皆畏缩莫敢应命。栖心维那忻然而出曰，日本之书与中国同文，何足为疑，即揖太守襵封，读以爪掐其纸七处。读毕语使人曰，日本虽欲学文，不无疏缪。遂一一为析之。使惭惧而退。守踊跃大喜曰，天下维那也。"[一]

以上这段发生在南宋乾道三年（1167年）的日本僧使到明州（今宁波市）问法的记事，既未见于宁波地方史和宁波栖心寺（今宁波市七塔寺）寺志的记载，日本方面的记载也不详。而"栖心寺维那"，由于当时仅属禅宗佛寺中东序六知事之一，位居上座寺主之下，（据《佛教文化辞典》247页）僧职不高，难以留下法名，"四明栖心寺"即今宁波市江东区的七塔报恩禅寺，仍为禅式观音道场。

据民国及新修《七塔寺志》记载，"甬江之东有古刹焉，始自唐大中十二年戊寅（858年），明年辛巳（861年），因寺主心镜禅师惊退剿寇，郡绅奏旌师德，请以栖心名寺，是为本寺创建之始。"而直到明洪武二十年丁卯（1387年）才奏请改"栖心"为"补陀寺"，在清代光绪二十一年（1895年），因门外建七浮图，俗呼七塔，"七塔报恩禅寺之名由此始"。

在我国南宋时代，实际的统治版图仅占唐代和北宋的六分之一，淮河以北已由蒙古、西辽、西夏和金人占据。川西及云南已归吐蕃和大理国所有，因此明州成为最重要对外交通门户，又是南宋朝廷的后院，南宋在临安建都后，明州的佛教在南宋册定的"五山十刹"中有其三。而栖心寺，位于甬江之东岸，在四明郡治内的眼皮之下，栖心寺又是太白名山天童寺名僧心镜藏奂禅师开山。而心镜禅师，据《天童寺志》记载，为南岳下四世、天童第五代住侍，兼任栖心寺开山。

由于南宋朝廷与日本幕府（武士政权）没有建立过正式的官方关系，但双方都意识到贸易于双方有利可得，于是由宋代民间商船负担兼贸易和送达官方文书贡礼的使命。据日本夏本涉先生的研究[二]，南宋时代大约有300余日本僧使入宋，且从南宋中期（1166～1195年）起，朝廷仅留明州为市舶司，因此成为唯一正规的入宋口岸。但从南宋建立之后（1127～1166年）39年之间，日本和南宋方面没有发现正规的商船和僧使往返，而首次的记载就在日本方面。

其一，日本村上博优《日中文化交流历史年表》记载"1166年，日本京都醍醐寺重源上人从高野山下山入宋。"[三]这一记载表明，重源上人下山渡海要做好各项入宋度谍候船准备，一般日本的趁船地点在今福冈的博多，在那里候船和办妥入宋文件的时间至少达数月之久，而错过了春天东南季风和洋流的入宋机会还要再等下一年的春风。

其二，日本奈良国立博物馆2006年编《重源》的年表中[四]及日本古籍《玉叶》中[五]，都记载"1167年，重源47岁，乘博多船入宋明州"，原计划朝拜五台山、天台山和育王山，到了明州后才知五台山是金人的地盘，由于重源持有日本幕府度谍，在明州备受当地官府关照，栖心寺宏伟殿堂与栖心维那的佛法交流，使重源对南宋和明州建筑与佛学产生了十分重要的第一印象。

2. 重源、荣西拜登阿育王山

日本重源（1121～1206年）（图1），13岁出家于醍醐寺为僧，研习净土宗。据日本《重源和尚作善集》记载，明州阿育王山是他早已仰慕之地，重源与栖心维那交流后就拜登阿育王山，他记载"阿育王寺舍利塔，八万四千舍利塔之一，有金、银、铜护塔层层纳入佛舍利，有释迦牟尼丈六像、小像、光明变现。"重源当时见过"光明小像"。舍利殿要重修，他已暗暗发心立愿。

重源登阿育王山在1167年冬至1168年春（宋孝宗南宋乾道四年）期间，明州人史浩任相，政治清明，国势稳定，佛教兴盛。该年春，重源在阿育王山与日本名僧明庵荣西（1141～1215年）（图2）相遇，于是二位结伴同登天台山，该年荣西仅28岁。

该年秋天，西南季风起时，重源与荣西从天台山回到明州，正好有商船去日

[一]《佛祖统记》，南宋四明（今宁波）志磐著于咸淳五年（1269年），共五十四卷，此书收录于旧本及新印《大藏经》。

[二]夏本涉著，江静译：《宋元时代日中关系研究》，《浙江大学日本文化研究所丛刊》，2004年。

[三]村上博优编：《日中文化交流史年表》（日文），2004年。

[四]日本奈良国立博物馆：《重源》纪念画册（日文），2006年。

[五]九条兼实：《玉叶》（日文）。

135

图1 重源和尚像

图2 荣西禅师

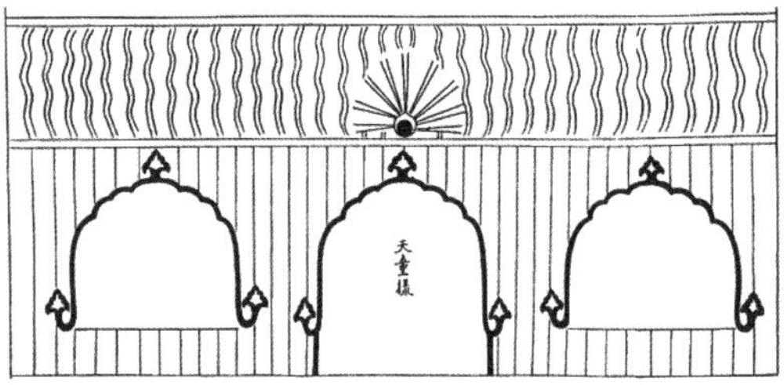

图3　入宋日僧画天童样电窗、印度式花门

本，重源和荣西带着大批的浙东文化典籍、书画、经像回到日本，其中包括《大藏经》《阿弥陀三尊像》等，而特别重要的是重源、荣西在明州城乡考察佛寺建筑（图3）、造像、石刻资料。日本奈良大和郡山市教委山川均博士认为：重源在明州结识了著名的营造师、佛雕师、石匠陈和卿、陈佛寿、伊行末等，其中也包括明州优秀梅园石及石匠技艺。为重源回到日本后移植浙东建筑、佛教造像及石刻，更为复兴东大寺、建净土寺创造了得天独厚的条件。如重源从明州带入日本"阿弥陀三尊"木像最初供奉日本兵库县小野市净土寺。重源逝世后荣西接替"大劝进"，仿天童寺禅式钟楼建在东大寺东首。

二　日本重源邀请明州陈和卿、伊行末复兴东大寺

日本重源上人离开明州回国之后已萌生邀请在明州结识诸位建寺、造佛、石刻之大工赴日本。八年后，委托商船捎信邀七位工匠。南宋淳熙四年（1176年），七位大工搭商船到了日本九州山口驿馆，重源早就等在那里，他们一同到了奈良。

日本治承四年（1180年）五月，被称为南都的日本奈良东大寺。因平氏与源氏武士集团的战争，东大寺与兴福寺、元兴寺等被大火烧毁，废墟狼籍。

天皇敕命重源上人为东大寺"大劝进"，主管建寺铸佛资金募集和工程策划。重源到任后，据说梦见文殊菩萨现身，坚定了信念。重源请到的明州营造师陈和卿、陈佛寿、伊行末、六郎等七位工匠共同参予筹划。日本的《东大寺续要录·造佛篇》中记载道："寿永元年（1182年）七月二十三日，陈和卿在大佛殿（废址）前计划"。"同二年（1183年）四月十九日，大佛头部铸造开始，陈和卿偕弟陈佛寿等七位宋朝工匠及草部是助日本工匠参与"。

日本寿永三年（1184年）日本平氏武士部落败走，源赖朝确立为首领，以为神佛有助，捐黄金千两，又赠米万石、绢千匹。元历二年（1185年）高18米大铜佛重铸落成开眼前，重源将明州带入的佛舍利纳入佛体，紧接着是大佛殿的重建等一系列更为艰苦卓绝的营造工程。

日本文治二年（1186年），白河法皇敕命将高野、伊贺、播磨、渡边、备中等七国内建造了东大寺别所，用作伐木、采石、取土烧窑的工程作场，此后重源与陈和卿往返于东大寺与各别所之间，其中播磨净土堂更为重要。

四年之后的日本建久六年（1190年）十月十九日，大佛殿上梁，佛殿高达52米，主梁直径1.5米，大殿内能容纳宁波的天封塔（重建后天封塔高51米）。

图4　东大寺南大门丁字拱

又过了四年，大佛背光铸成，陈和卿等偕日本造佛师定朝、运庆等又合作为重建的南大门（中门）雕造了佛、菩萨及护法天王，宏伟的南大门（图4）为带有日本风味的大佛样建筑，重檐五开间，高宽深各约30米。而在南大门的二廊，著名的明州石匠六郎（即伊行末）用鄞州西乡产的梅园后，雕刻了一对高达3.5米的石狮子，日本人称为"狛犬"。

又据日本东大寺造立供养记碑记载："同年，中门的石狮子像，大佛殿内胁待像，四天王像等，由宋人六郎等四人造佛座，石材选自本国内及宋朝输入[一]。对于"宋人六郎"，日本大野寺的摩崖弥勒石佛作者有传记，即"彼明州出身石工伊行末"同一人说（伊行末1260年去世），伊行末在日本没有明确铭记的遗品，他在建长六年（1254年）为东大寺修建法华堂石灯笼，其子伊行吉造立于般若寺（奈良）《笠塔婆铭》，记载伊行末曾从事大佛殿石坛的修补、般若寺十三重塔、笠塔婆建造。他是镰仓后期畿内中心伊派石作之祖[二]。

又一年之后（1196年），大佛殿落庆，源赖朝与数万兵士和民众参予，75岁的重源上人获"大和尚"号，陈和卿等明州工匠也受到了封赏。10年后重源上人去世，由荣西接任，在寺东按天童寺格式造禅宗式样大钟亭，幸存至今。

[一] 日本奈良国立博物馆：《重源》纪念画册（日文），2006年。

[二] 同注释〔一〕。

三 重源建净土堂、修舍利殿，荣西建大钟
亭、千佛阁，移植浙东优秀建筑文化

1. 荣西建天童千佛阁、传日本茶禅

公元1168年与重源和尚一起从明州返回日本的明庵荣西，原姓贺阳，冈山县人，生于日本永治元年（1141年），11岁出家为僧，回国后在福冈建誓愿寺。10年后研习禅宗、密教戒律。在1187年再度到了明州，这次他从温州登陆之后到了天台山，不久随师虚庵怀敞到了天童山，一住就是5年，成为天童寺临济禅法第53代传人，1191年回国，二年之后（1193年），荣西为报恩于祖庭，从日本运来大木重建天童寺千佛阁，甬上文士楼钥有《千佛阁记》传世。

荣西1195年在日本博多建圣福禅寺、创立《禅苑清规》，在镰仓创建寿福寺。建仁二年（1202年）在京都开创日本禅宗临济禅祖庭建仁寺，至今寺院仍保留禅宗式建筑，佛殿陈设承袭宋风，他还将浙东种茶和饮茶之法传到日本，日本文化史一直认为他是最早将茶文化传入日本的"茶祖"[一]。

2. 荣西造东大寺大钟亭

在重源79至86岁（1199～1206年）期间，主要完成东大寺南大门上梁、重塑护法金刚等，他终于耗尽了最后的心血。1206年，中国佛教净土宗善导大师——日本净土宗法然上人门下的上座弟子重源大和尚终于完成了他近半个世纪以来，对中国宋代文化的热心移植，他安然圆寂之后，由荣西和尚接任"大劝进"之职。

今列为世界文化遗产的东大寺，寺东山坡平台的钟楼内挂着一口重达26吨的青铜大梵钟。这梵钟铸于唐天平时代，与佛寺同龄。

在日本承元年间（1207～1210年），荣西发心按明州天童寺禅宗样式重建了钟亭、七重塔及其他佛殿。但如今七重塔等后来毁佚，大钟楼幸存。其实，大钟楼实应称"亭"，单层，四面灵空（图5）。外观与今存宁波宋明古石亭（图6）、木亭相同，歇山顶，双出檐角平缓，山面挂3件如意垂鱼，使用四条大木金刚柱，直径近1米，四柱侧脚，地栿伎梁枋全都出头。亭立于石台，总高近20米，柱间5米，出檐深远如巨鸟展翅。

公元1215年，曾两度入宋明州学习中国临济禅法、禅式建筑和中国茶道的荣西禅师，又在京都移植明州禅式和天竺式建筑的日本临济宗大本山建仁寺，成为继重源以后又一位中国文化的热心移植者。建保三年（1215年），荣西圆寂。

又22年后，日本京都泉涌寺闻阳湛海入宋，住城内白莲教寺，他也从日本运大木建该寺山门两廊[二]。

3. 重源重修阿育王寺舍利殿

荣西重建天童寺千佛阁之举，促进重源上人实施重建鄞州阿育王寺舍利殿之愿。又过了三年（1196年），重源已76岁了，他运来周防国的大批大木重修舍利殿，其中包括"金刚柱四根，虹梁一条，自刻木像二件及其他板木等，香草木像供奉落成后的阿育王寺舍利殿。"[三]后来不知下落。现存四件留存至今的有奈良东大寺、兵库净土寺、山口阿弥陀寺、三重大佛寺。但该年重源是否亲自护送大木入鄞州，具体记载不

图5　荣西造东大寺钟楼

图6　宁波南宋禅式仿木石牌坊顶部

［一］日本奈良国立博物馆编：
《荣西与建仁寺》，2015年。

［二］木宫泰彦著：《日中文化
交流史》，商务印书馆，1980
年。

［三］日本奈良国立博物馆：
《重源》纪念画册（日文），2006
年。

叁·海丝论坛

详，但他应该随大木入宋，"纳画像、木像于舍利殿内"。

关于日本重源运大木重建阿育王寺舍利殿之事，新编明州《阿育王寺志》记载的是1189年，但未见出典何处。

4.重源在日本建大佛样净土堂

古称播磨的兵库县净土寺是于公元8世纪初，由行基和尚创建的。行基和尚曾致力于在民间传播佛教思想。这座寺院原本另有其名，公元1194年，74岁的重源和尚在这里兴建了许多建筑物，并把这座寺院改建为"净土寺"，成为东大寺"别所"、又为重源的功德寺。这里曾是重源与陈和卿等与诸多中日工匠在此礼佛、筹资、伐木、运石的歇宿处和工程部，他从明州请来的"阿弥陀三圣像"最初收藏在这里，并由日本著名佛师快庆重雕成高5.3米的木造漆金大佛，安

置于占地近千平方米、庑殿式的佛殿中心。

净土堂佛殿建筑风格引入南宋浙东"唐样"和"大佛样"，大佛样建筑，也称为"天竺样"。净土堂（图7）是陈和卿造东大寺外另一处传入日本典型的大佛样建筑，完全有别于此前从"北线"传入日本的中国南北朝和唐朝建筑"唐样"风格，成为日本建筑史上重要的建筑类型。

唐样建筑（这里的"唐"只是中国的泛称，并非指中国的唐朝），又称禅宗样，来源于南宋时期今江浙地区的禅宗佛寺建筑。外观上，南宋斗拱制作细腻且排列细密，补间铺作最多达两朵，形制与柱头铺作一致，采用重拱计心造，这是中国木构建筑在南宋新出现的突出特征，明显有别于唐朝北宋木构建筑和日本和样建筑（"和样"是日本另一重要的木构建筑形式，为盛唐建筑做法经

140

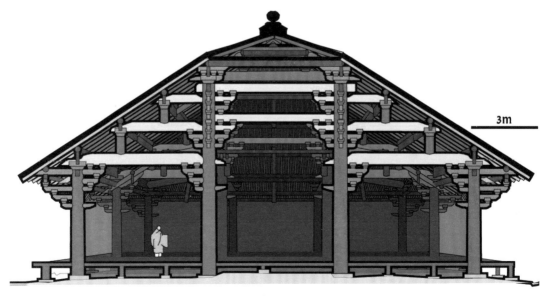

图7 日本净土堂插拱

图8　日本净土堂佛殿大佛样连枋　　　　图9　日本东大寺南大门插拱与连楹木

过日本化后的式样）。

　　净土寺（图8）内部结构上，更甚于奈良陈和卿造南大门（图9）。"串"的运用，梁、铺作穿插连接、咬合一体的有机构成形式，体现和反映了宋明江南厅堂作法的一些特征。但净土堂不是厅堂，而必需首先满足大佛坐立位置，它调整梁柱的空间，即所谓"偷梁减柱"之法。这是名僧重源和尚通过三度前往中国浙东研修寺院建筑后，将宋朝的佛寺建筑技术与日本的传统结构体系融合的杰作。它的主要特征是：通过柱间上下部的横向构件加强构架的整体性，斗拱只向前挑（不向两侧出挑），椽子(除四角为扇形以外)平行铺设，屋面几乎不起翘，不设顶棚。梁、铺作穿插连接、咬合一体的有机构成形式，其整体性和稳定性及其丰富变化，无疑迥异于北方殿阁型构架形制，我们在宁波保国寺北宋大殿中，同样发现诸多插拱（图10）及横系梁，如今在浙南、闽东这种插拱遗制不少。穿插枋与随梁一样，是将檐柱和金柱连接成整体的横向连接构件。在《营造法原》中称为"川夹底"，而《营造法式》不设此构件，由乳栿代替。

　　5.源实朝发心朝拜阿育王山

　　1216年，在镰仓幕府的首领源实朝在一次接见宋人陈和卿等工匠时，再次对明州工匠给予嘉奖，其中有实朝征战时穿用的甲胄、金鞍及马三匹、金银和一块土地[一]，但陈和卿等除了马匹以外，其余都施舍给寺庙。

[一] 村上博优：《浙江省古迹名胜资料》（日文），1993年。

图10　保国寺大殿北宋插拱

又据记载，在源实朝与陈和卿宴谈时，陈和卿说实朝是鄞州阿育王山长老转世。与实朝梦中情景相符，为此实朝拨金请陈和卿建造了可乘60人的入宋渡海船舶。该年十一月，船成。过年之后在试航时遇风浪触礁，船沉没后渡海之念从此了断[一]。

但实朝对于阿育王山的向往是从重源和荣西入宋之后一直没有间断。公元1219年，实朝被杀之后，他的后裔仍希望满足实朝生前之愿。公元1223年，日本道元禅师入宋时，曾专程到阿育王寺寻找埋骨之所[二]。又过了25年后的南宋淳祐十一年（1251

年），日本心地觉心入明州，携带实朝的遗骨朝拜阿育王山乌石岙，这里曾是著名的阿育王舍利涌现处。"师（心地觉心）于此山，建一宇堂，安日本将军实朝遗骨于等身观音像肚内。"[三]但可惜这些遗存至今无迹可寻。

归　结

在中日文化交流史上，明州作为南宋最重要的门户，自日本重源与栖心维那为启始，继之有荣西、道元、心地觉心、闻阳湛海、辨圆圆尔、俊芿等日本求法僧以及明州东渡传法日本的兰溪道隆、寂圆、无学祖元等高僧，开创了南宋建筑与佛学大量移植日本的新篇章，而这一移植一直持续了近百年之久并又延续于后世。

日本东大寺工程结束之后，明州陈和卿等工匠有的功成返国，但有的仍留在日本，并将南宋文化与日本民族文化相融合。如著名伊派石匠集团的后裔活跃在大和周围，与陈和卿同到日本的石匠伊行末于1260年去世，由其子伊行吉继业，后来定居博多，今奈良般若寺有伊行吉为其父建造的笠塔婆和十三重石塔[四]。此后，伊氏石刻继续了约十代之久，在日本本州、关西及西部九州留下了数十处遗存。

然而更为重要的是参于东大寺营造的数千日本工匠，学得了重源、荣西及明州陈和卿、伊氏等铸佛、建寺、石刻技艺，继续传承移植的禅宗式、大佛样式和天竺式建筑。如著名的日本镰仓大铜佛高11.3米，"系公元1252年由南宋工匠们采用陈和卿传入的铸造技术铸成。"[五]南宋明州的优秀文化在日本土地上如雨后春笋般地遍地繁衍，有不少如今还仍矗立在日本的土地上。

[一] 木宫泰彦著：《日中文化交流史》，商务印书馆，1980年。

[二] 村上博优：《浙江省古迹名胜资料》（日文），1993年。

[三]《鹫峰开山法灯国师行实年谱》（日文），《由良的兴国寺》2000年2月；永平道元补稿，村上博优编：《江南云游求法地资料集》（日文），1995年。

[四] 宁波市文化局编：《千年海外寻珍》，1995年，第135页。

[五] 同注释[四]。

143

附表　南宋明州与日本文化交流年表（1121～1255年）

杨古城　编

公元	南宋与日本文化交流有关事件	出典
1121	日本重源生，原姓纪氏，父在朝廷任武职	注1
1127	南宋建都临安	宋史
1133	重源13岁，京都醍醐寺出家	注1
1137	重源在各地修行	注1
1141	荣西生于冈山县，俗姓贺阳	注2
1150	明州纲首刘文仲等商船去日本	《宁波市志》
1152	重源32岁，回醍醐寺，为日本净土宗法然弟子	注1
1156	临济名僧大慧宗杲住持明州阿育王寺	新阿育王寺志
1162	南宋宋孝宗即位	宋史
1163	明州籍史浩为丞相，为岳飞昭雪，佛教隆兴	新编鄞县志
1166	重源46岁，南宋撤市舶独留明州，重源从高野山下山准备入宋	注2
1167	重源从博多乘商船入明州，问法明州栖心寺维那，阿育王山参禅，发心修舍利殿。日本平氏政权建立	注2、注3
1168	日本荣西入宋，在明州遇重源同登天台山，秋天同归日本，荣西曾与明州广慧寺知客问佛法	注1
1172	明州刺使致书及赠礼由商船致日本白河法皇及幕府平清盛	注4
1173	日本白河法皇、平清盛回书及赠礼	宋史
1176	日本商船漂到明州，官府给衣食后回国。陈和卿等已在日本山口，与重源相遇于山口	宋史 注1
1177	日本宇肩王子（遣）妙典向阿育王寺施黄金	新编《鄞县志》2194页
1180	日本平重衡兵火东大寺	日本史
1181	东大寺待重兴，藤原行隆任命为建寺修佛官，重源为"大劝进"	注1

公元	南宋与日本文化交流有关事件	出典
1182	明州工匠陈和卿、陈佛寿、伊行末、六郎等7人参与东大寺复兴	注1、注4
1183	东大寺大铜佛右手、头铸成，陈和卿现场总指挥	注1
1184	大佛左手铸造（手长3.5米）日本幕府首领源赖朝视察	注1
1185	赖朝赏米一万石、砂金千两、绢千匹，重源与陈和卿山口备大木，策划重建大佛殿	注1
1187	日本荣西再度入宋，后至天台山、天童山学禅于虚庵怀敞	新编天童寺志
1189	新《阿育王寺志》记，日本重源在阿育王寺挂锡，日本大日能忍弟子练中，胜辨至阿育王山，赠书币	阿育王寺志 注2
1190	重源70岁，东大寺大佛殿上梁、南院再建，重源、陈和卿往返于各别所，南宋宋光宗即位	注1
1191	日本荣西天童寺传临济禅，为中国临济五十三代，回国	注2
1192	日本建立源氏镰仓幕府	日本史
1193	日本荣西运来周防大木重建天童寺千佛阁，楼钥作《千佛阁记》	新编鄞县志
1194	陈和卿、重源主持造大佛殿背光、四天王，南大门二天王等	注1
1195	日本东大寺南大门（又称中门）上梁，大佛殿落庆，重源受"大和尚"号，源赖朝赏陈和卿等，南宋宋宁宗即位，改号"庆元"，明州府明年改庆元府，废江阴、秀州、温州市舶，留庆元对日本高丽贸易	日本《东大寺造立记》、宁波市志
1196	日本东大寺大佛殿四天王完成，"宋人石工字六郎等为大佛殿制石座及中门（南大门）石狮子。日本重源运大木到庆元重建阿育王寺舍利殿自身木像纳入"。此或为重源三度入宋	注1、注5、注6
1198	日本幕府平重盛再遣妙典第二次到阿育王寺布施三千金	注7
1202	日本荣西在京都按宋式造禅刹建仁寺	注8
1206	重源86岁圆寂，荣西受命接任东大寺"大劝进"，荣西按鄞州禅寺式造东大寺钟楼、七重塔等。	注1、注5

145

公元	南宋与日本文化交流有关事件	出典
1210	荣西按宋式造东大寺钟楼落成，宋式斗拱梁枋及出檐	注5、注6、注7
1211	荣西著《吃茶养生记》	荣西年谱
1215	荣西75岁圆寂于建仁寺，尊为日本临济禅祖	注7
1216	日本源实朝听陈和卿说他是阿育王寺长老转世，为此由陈和卿造60人的大舶，11月船成，明年试航时沉没	注7注9
1223	日本道元、明全等入宋庆元，明全为荣西弟子，病死天童，道元在宋五年，回日本开创日本曹洞宗	注7
1225	宋理宗即位，庆元人史弥远为相前后26年，崇信佛教，册定"五山十刹"，庆元有其三	鄞县志宋史
1237	日僧闻阳湛海二度入宋，住庆元白莲教寺14年，运木建寺门二廊，回国带去佛舍利	注7
1279	南宋亡国，天童无学祖元应邀渡日，是为日本禅宗圆觉寺派之开山，后来建禅式圆觉寺及舍利殿	注10

注：以上主要参考《日中文化交流年表》《重源年表》《荣西年表》。

[注1]日本奈良国立博物馆:《重源》纪念画册（日文），2006年。

[注2]村上博优编：《日中文化交流史年表》（日文），2004年。

[注3]《佛祖统记》，南宋四明（今宁波）志磐著于咸淳五年（1269年），共五十四卷，此书收录于旧本及新印《大藏经》。

[注4]九条兼实：《玉叶》（日文）。

[注5]青山茂：《东大寺》（日文图册），保育社，1983、1998年。

[注6]《东大寺续要录》（日文），东大寺藏古籍。

[注7]木宫泰彦著：《日中文化交流史》，商务印书馆，1980年。

[注8]新编《宁波市志》，第33页。

[注9]《鹫峰开山法灯国师行实年谱》（日文），《由良的兴国寺》2000年2月；永平道元补稿，村上博优编:《江南云游求法地资料集》（日文），1995年。

[注10]《圆觉寺》日文画册，1999年。

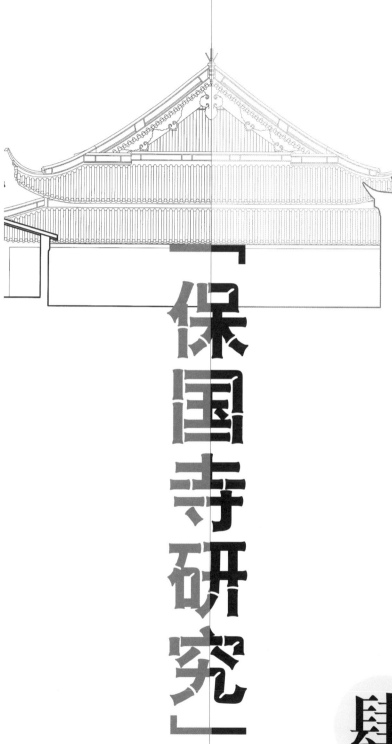

「保国寺研究」

肆

【从保国寺大殿看唐宋江南木构架体系的演变】

刘　杰·上海交通大学建筑系、上海交通大学中欧木建筑研究中心

张雷明　曹　晨　陈立誉·上海交通大学中欧木建筑研究中心

摘　要：本文结合北宋时期（12世纪初）颁布的《营造法式》中的大木作制度及其规定，对保国寺大殿木构架进行分析，并与江南地区遗存的五代、宋、元时期的多座佛寺大殿木构架进行对比研究，来总结出江南地区从五代至宋元时期的佛教建筑木构架体系的演变及其规律，并从现代结构理论的角度对各种木构架进行体系分析，探索发生构架变化的内在原因，可为当今历史木构建筑的保护、修复、重建与再利用提供理论依据。本文所指江南地区从地域上是指江苏、浙江、上海和福建三省一市，时间跨度上包含五代十国、宋、元三个朝代，大致为公元10～14世纪。

关键词：保国寺大殿　佛教建筑　江南　木构架体系　演变

149

一　研究范围的界定

1."江南"的地域范围

"江南"之说，由来已久。其义一般解释为"长江以南"，但江南地区的具体涵盖范围在历史上却一直变化。秦汉时期，江南指代长江中游以南地区。至唐代，唐太宗（598～649年）依山川形便划分天下为十道，江南道为其中之一，其范围位于长江以南，自湖南西部迤东直至海滨。两宋时期，镇江以东的江苏南部及浙江全境被划分为两浙路，并成为江南地区的核心，也成为狭义的江南地区的地域范围。

本文所指的江南，则是现在的江苏省东南部、浙江省大部以及福建省东北部所涵盖的地区。从历史地理的角度看，大体与五代十国时期（907～979年）的"吴越国"（907～978年）（图1）疆域相当，彼时的吴越国辖苏州、湖州、秀州（今嘉兴市）、杭州、越州（今绍兴市）、明州（今宁波市）、台州、婺州（今金华市）、衢州、睦州（今建德市）、处州（今丽水市）、温州、福州等十三州以及安国（今临安市）衣锦军。

江南地区主要以平原、丘陵等地貌为主，内部湖泊众多、河道纵横，

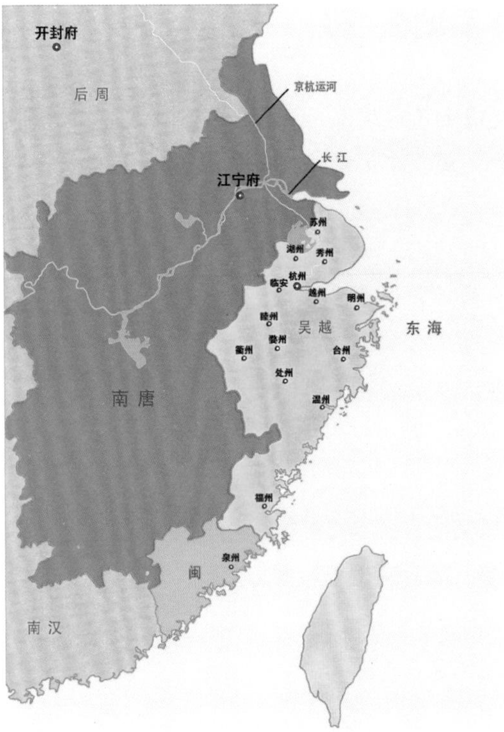

图1　五代十国时期吴越国版图及周边区位
（公元954年）

气候温暖湿润、四季分明，良好的自然禀赋是江南地区经济发展的基础条件。随着中原汉人的南迁，南北人文、贸易的交流，农业、手工业以及商业的不断发展，江南地区自唐代开始逐渐成为古代中国的经济重镇。唐代韩愈有云："当今赋出于天下，江南居十九"[一]，至南宋，有民谚云"苏湖熟，天下足"[二]，足可见当时江南地区的繁华与发达。以杭州为例，在五代十国时期，吴越国在此建都。后宋室南渡，南宋朝廷于建炎三年（1129年）升杭州为临安府，绍兴八年（1138年）定都临安（今杭州），杭州也跃升为整个江南地区的政治、经济、文化

中心，江南地区也同样进入全面发展的繁盛时期。

2. 江南五代宋元佛教的发展

中国佛教的历史，最早可追溯至东汉永平十年（公元67年），汉明帝敕建洛阳白马寺，标志中国汉地佛教的诞生。之后佛教在中国逐渐发展，至唐代佛教发展至鼎盛。但唐末以来，由于地方割据、战乱频繁，广大地区的佛教寺院均受到不同程度的摧残，尤以地处中原地区的佛寺为烈。而偏安一隅、相对安定的江南地区，佛教却在此得以长足发展。唐代发展起来的禅宗，在宋代逐渐成为中国佛教的主流派别。江南地区繁华的经济环境、优越的地理条件以及深厚的人文底蕴，是禅宗在江南地区传播与发展的良好社会基础。

3.《营造法式》与江南建筑的渊源

《营造法式》是中国古代历史上仅存的两部官修建筑工程类的专著之一。此书颁布于北宋崇宁二年（1103年），由当时的将作监李诫在两浙工匠喻皓的《木经》的基础上组织编修的。《营造法式》全书列举工程的尺度标准以及基本操作要领，并建立了模数制的设计方法，并考虑技术与实践的灵活性，是当时建筑工程及相关方面的技术与经验的系统化、理论化的总结。

《营造法式》是一部由官方颁布推行实施的法制规定，其部分内容是对当时的江南地区建筑技术经验的总结或借鉴，这从现存实例中也可得以印证。保国寺位于宁波，寺中大殿重建于北宋大中祥符六年（1013年），是江南地区现存最古老的、保存最完整的宋代木结构建筑。该殿虽建成于《营造

法式》颁布前90年，但其建筑的诸多构造及构件形制均体现《营造法式》中的诸多规定。另一方面讲，这也与当时江南地区繁荣的社会经济与发达的工程技术密切相关。北宋的中原地区经济因京杭大运河直接受益，多依赖江南的原因，造成南方建筑技术或成为国家主流文化的重要来源。

二 江南地区五代-宋-元时期佛教建筑概况

五代以来，江南禅宗逐渐兴盛，尤至南宋，禅宗名僧辈出，更是盛极一时。随着禅宗的不断发展，各地禅寺也纷纷建立，唐代以来禅宗"不立佛殿，唯树法堂"[三]的规制逐步被打破，但禅寺最初设置的如法堂、禅堂、方丈等几类建筑仍成为当时新建禅寺的固定配置。至迟于北宋，禅寺始设佛殿，其规模也由小变大，在佛寺中的地位也愈来愈重要。

考察江南地区的五代至宋元以来的佛教建筑遗存（图2），则以佛殿为主，且规模较小，以方三间单檐或方三间带副阶重檐厅堂为主（表1、2）。

[一] [唐] 韩愈：《送陆歙州诗序》，《韩昌黎集·卷十九》。

[二] [宋] 高斯得：《宁国府劝农文》，《钦定四库全书·集部·耻堂存稿·卷五》，第34页。

[三] [宋] 赞宁：《习禅篇第三之三·唐新吴百丈山怀海传》，《大宋高僧传·卷十》，中华书局，1987年，第236页。

151

图2　五代宋元时期江南佛教建筑遗存分布图

表1 江南地区五代-宋-元时期佛教建筑

名称	地址	建成时代	复原屋顶形式	复原平面特征		备注
				面阔	进深	
华林寺大殿	福建福州	964年	单檐歇山顶	3间	4间	建造时期仍属吴越国，也可归为五代
保国寺大殿	浙江宁波	1013年	单檐歇山顶	3间	3间	清康熙二十五年（1684年）增加副阶
保圣寺大殿	江苏苏州	1073年	单檐歇山顶	3间	3间	民国时期已毁
延福寺大殿	浙江金华	1317年	重檐歇山顶	3间	3间	副阶可能为后世增设
天宁寺大殿	浙江金华	1318年	单檐歇山顶	3间	3间	
真如寺大殿	上海	1320年	单檐歇山顶	3间	3间	
虎丘二山门	江苏苏州	1267年	单檐歇山顶	3间	2间	云岩寺的二山门

注：本表所指的复原，包含实际建筑已经复原为单檐形态，以及实际建筑为重檐但历史资料显示原为单檐形态。

表2 江南地区五代-宋-元的其他宗教建筑（道观、文庙等）

名称	地址	时代	屋顶形式	备注
轩辕宫正殿	江苏苏州	元代	单檐歇山顶	道观
时思寺大殿	浙江丽水	元代	重檐歇山顶	民间信仰
玄妙观三清殿	江苏苏州	南宋-清	重檐歇山顶	道观
元妙观三清殿	福建莆田	宋-清	重檐歇山顶	道观
陈太尉宫	福建宁德	南宋-清	重檐歇山顶	民间信仰
文庙大成殿	福建泉州	南宋	重檐歇山顶	文庙

1.地盘

江南宋元佛殿平面以方形为主，面阔与开间数一般均为三间，简称"方三间"[一]。其基本特征是殿身的通面阔与通进深相近，或通进深略大于通面阔（表3）。其既区别于明清时期的常见佛殿的通面阔大于通进深，面阔开间数也大于进深开间数的横矩形平面形式，也与同时期道教、儒家等其他宗教殿堂平面特征不同（图3、4）。但三间作为小型殿堂的间数配置来讲，囿于材料与技术的限制，唯有增加进深才能获得较大的室内空间，从实用性角度来讲也是合理可行的。

[一] 张十庆：《中国江南禅宗寺院建筑》，武汉：湖北教育出版社，2002年，第107～112页。

表3　江南地区五代-宋-元的禅寺大殿平面特征

名称	现状平面特征		
	通面阔（米）	通进深（米）	通面阔/通进深
华林寺大殿	15.87	14.68	1.08
保国寺大殿	11.92	13.35	0.90
保圣寺大殿	12.95	13.05	0.99
延福寺大殿	8.50	8.60	0.99
天宁寺大殿	12.72	12.72	1.00
真如寺大殿	13.41	13.00	1.03

2.构架

江南地区宋元佛殿的木构架主要以《营造法式》中规定的"厅堂造"的构架类型为主，构架也多数为彻上明造。华林寺大殿建成于公元964年，所在地福建福州在当时尚属吴越国，因此该殿也成为江南五代木构建筑的遗存孤例。华林寺大殿是一座典型的南方木构建筑，已具有区别于北方以及隋唐以来佛教建筑的显著特征以及独特的地方做法，其木构架即是"厅堂造"与彻上明造。之后的保国寺大殿、保圣寺大殿、延福寺大殿、天宁寺大殿也均是厅堂造与彻上明造，真如寺大殿则是厅堂造，但屋架是明栿与草架组合的方式。

江南宋元佛殿除真如寺大殿为十架椽屋外，多以八架椽屋（图5）为主，明间进深方向通常为四柱三间，构架也有对称与非对称之分，如华林

153

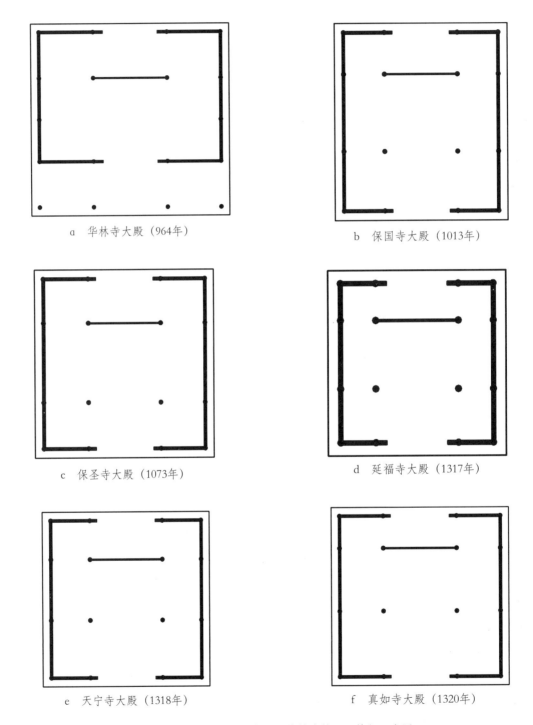

a　华林寺大殿（964年）　　　　b　保国寺大殿（1013年）

c　保圣寺大殿（1073年）　　　　d　延福寺大殿（1317年）

e　天宁寺大殿（1318年）　　　　f　真如寺大殿（1320年）

图3　五代-宋-元时期江南地区佛教建筑平面特征示意图

154

东方建筑遗产

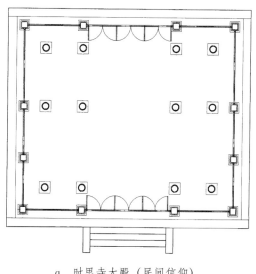

a　时思寺大殿（民间信仰）

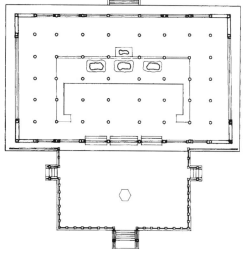

b　玄妙观三清殿（道教）

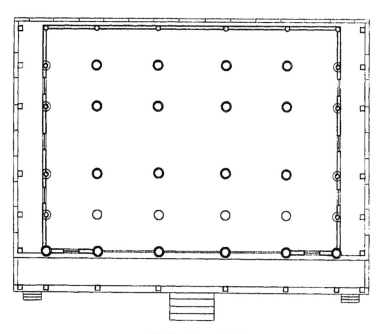

c　元妙观三清殿（道教）

图4　五代-宋-元时期江南地区其他宗教建筑平面特征示意图

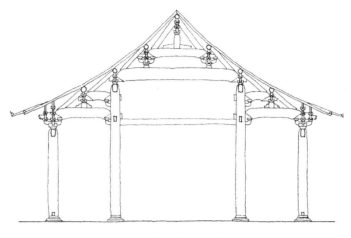

a 八架椽屋（对称构架）

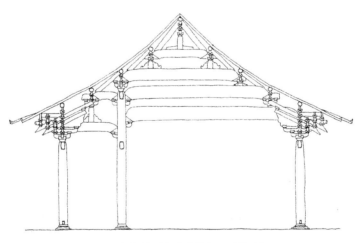

b 八架椽屋（非对称构架，减柱造）

图5 《营造法式》中八架椽屋梁架剖面示意图

寺大殿、保圣寺大殿的构架为前后对称，保国寺大殿、延福寺大殿、天宁寺大殿、真如寺大殿的构件为前后不对称（图6），不对称形式通常表现为内柱移位，往往是出于扩大室内活动空间目的的内柱后移，从而形成了宋元佛殿多变的空间风格。而真如寺大殿形成十架椽屋的目的，大抵也是出于扩大前厅空间的目的，在传统八架椽屋的基础上的演变产物。

所以，江南宋元佛殿的厅堂构架形式传统，在结合功能需求的变化，也会变异出不同的表现形式。

3.铺作

斗拱是至晚在汉代就已经发展成形的中国古代建筑中的重要结构构件。后至隋唐，斗拱作为建筑的重要组成部分，其功能也已完善，样式也趋于多样。斗拱不仅作为重要的结构构件，而且是整个建筑的重要视觉中心与装饰重点，同时也一定程度上反映建筑形制等级。考察江南宋元佛殿斗拱（图7），可以明显发现斗拱在建筑中的弱化趋势。斗拱在建筑体系中的弱化，也带来其他方面的变化，如建筑出檐口的缩短，构架连接的简化等方面。

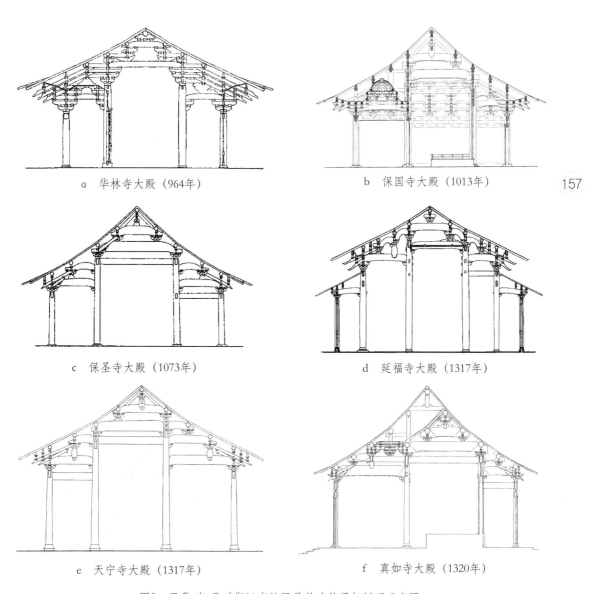

a 华林寺大殿（964年）

b 保国寺大殿（1013年）

157

c 保圣寺大殿（1073年）

d 延福寺大殿（1317年）

e 天宁寺大殿（1317年）

f 真如寺大殿（1320年）

图6 五代-宋-元时期江南地区佛教建筑梁架剖面示意图

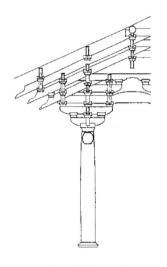

a 华林寺大殿（964年）

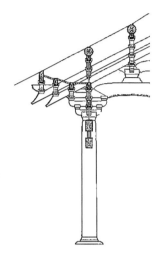

b 保国寺大殿（1013年）

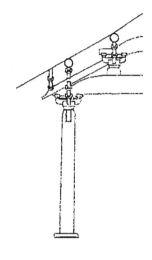

c 保圣寺大殿（1073年）

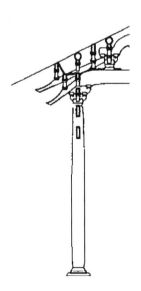

d 延福寺大殿（1317年）

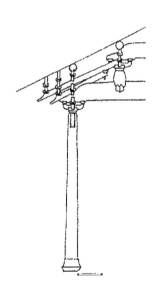

e 天宁寺大殿（1317年）

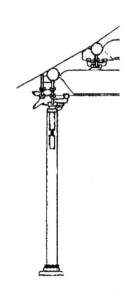

f 真如寺大殿（1320年）

图7 五代-宋-元时期江南地区佛教建筑斗拱比较示意图

从建筑结构发展的角度来看，此过程与现象可以解释为中国传统木构建筑技术体系在经历隋唐的发展与定型之后，向更加简结的建构形式发展的必然趋势。

三　江南地区五代－宋－元时期佛教建筑木构架特征研究

1.三角形结构的应用

三角形结构是建筑结构中的基本类型，其构造简单、结构稳固，是普遍应用的建筑结构类型。从中国古代木结构建筑发展来看，早期由木构搭建的棚屋等建筑物，多以三角形结构为主（图8）。后期随着建筑技术的发展以及对建筑造型的追求，单纯的三角形结构已不能适应建筑空间多样化的需求，框架结构逐渐成为建筑的主要结构形式，三角形结构转移至屋架的主要结构形式。而后，三角形屋架中的斜梁也在木构架体系的演变过程中逐渐变异，直至隋唐时期，建筑中常见的"叉手""昂""托脚"等斜向构件，即被认为是斜梁演变的产物（图9）[一]。上述构件在位于山西五台山的两座唐代木构佛殿——南禅寺大殿与佛光寺大殿中尚能发现。南禅寺大殿构架中的"叉手""托脚"以及佛光寺大殿构架中的"叉手""昂""托脚"等斜向构件均能体现三角形结构的应用。尤其是屋架中支承脊槫的"叉手"结构，简洁有力，此种形式渊源久远，在早期建筑屋架结构中尚能发现较多示例，但在隋唐之后各时期的佛教建筑中尚未发现。

五代以来的江南佛教建筑中，"叉手""昂""托脚"等构件尚存，但其形式与作用却已逐渐变化。唐代建筑屋架中的两边"叉手"承脊槫的

[一] 刘杰：《江南木构》，上海：上海交通大学出版社，2009年1月，第158～162页。

159

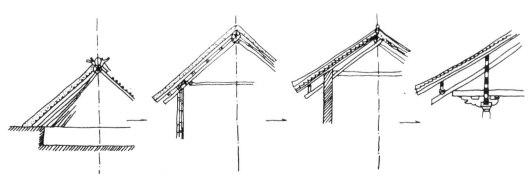

图8　原始长椽或斜梁发展成昂

肆·保国寺研究

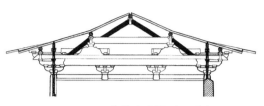

a　南禅寺大殿（782年）

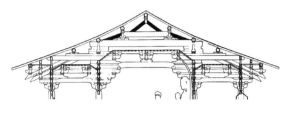

b　佛光寺大殿（857年）

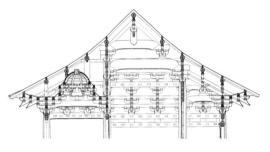

c　保国寺大殿（1013年）

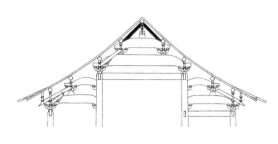

d　保圣寺大殿（1073年）

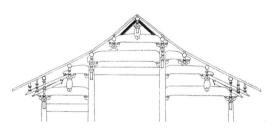

e　天宁寺大殿（1317年）

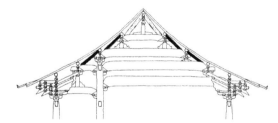

f　《营造法式》中八架椽屋厅堂侧样（1103年）

图9　唐代以来江南地区佛教建筑中"叉手"（红色标示）、"托脚"（蓝色标示）示意图

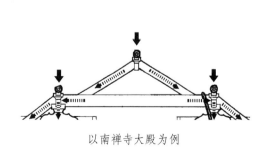

以南禅寺大殿为例

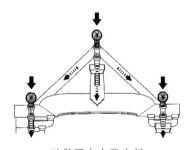

以保国寺大殿为例

图10　唐代佛殿支承脊檩的"叉手"到宋元时期演变成"叉手+蜀柱"的形式

形式已变化为两边"叉手"与"蜀柱"的组合结构（图10），"蜀柱"的加入明显降低了"叉手"的结构作用。"托脚"的作用也由于支承部位的调整而削弱，唐代建筑中的"托脚"支承与檩条的下部结构上，尚能与梁形成完整的传力结构。而之后，"托脚"的支承部位上移，直接斜向支撑檩条，成为一个辅助结构构件。江南地区的宋元佛殿遗构中，尚能在保国寺大殿、保圣寺大殿、天宁寺大殿的屋架结构中发现"叉手"与"蜀柱"构成的三角形结构，但"托脚"却未发现实例，该构件是否因为功能的弱化而被弃用，还没有足够的证据。但在北宋颁布的《营造法式》中厅堂侧样内，"托脚"却仍存在，这也反映了"托脚"在宋元建筑中并不是一个十分重要的构件。

2.斗拱结构分析

斗拱是中国古代木构建筑中重要部件之一，其结构精巧、造型独特，反映了中国古代高超的木构营造技艺。斗拱通常由斗、栱、昂等构件组成，构件之间通过榫卯连接成有机的结构系统。斗拱中各构件作用明确，构造合理。斗起支座与连接的作用，栱作为水平受弯构件，昂作为斜向受弯构件。通常设置位于柱顶或梁上的较大的斗，称为"坐斗"或"栌斗"。栌斗上部交叉放置栱木，形成出挑，在栱木端头、中间安置斗，再置第二层栱木，如此交叉叠压，形成完整的斗拱（图11）。斗拱作为结构部件，其作用在于将屋面荷载集中传递至木柱或木梁上，同时通过栱木的层层出跳或者昂的出挑，来承托屋顶的外檐。斗拱是古代官式建筑普遍采用的构件与元素，其不仅仅作为建筑构件地位重要，而且更有人为赋

161

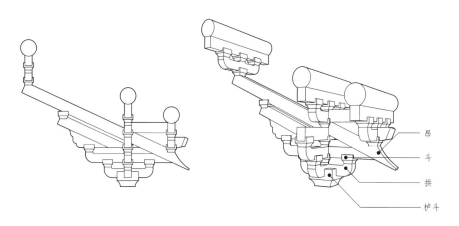

图11　宋元佛教建筑中典型斗拱形式（以补间铺作为例）

予的文化或社会的属性。一般来讲，建筑的等级越高，其斗拱的结构越复杂，反之则越简单。

从江南宋元佛殿遗存来看，其建筑中的斗拱也呈现出明显的演变趋势，总的来讲是构造由复杂变简单，用材由硕大变为纤小，斗拱的结构作用趋于弱化。这种变化趋势体现为斗拱构件的变化，其中以昂最为典型。昂作为斗拱中的斜向受力构件，其长度远大于斗拱中的其他构件，一般只在外檐的斗拱上出现，直接或间接承托屋面构架，将上部的荷载集中传递至下部结构。昂的作用或本质是一根杠杆，起平衡内外屋面荷载的作用，并以此来减轻梁架的荷载。

从江南宋元建筑的斗拱来看，昂的结构机能显著的变化，其数量从常见的双下昂、三下昂变成单下昂或者直接成为纯粹的装饰构件（图12）。与此同时，从昂的室内外受力位置也在变化，早期的昂外挑距离大于里挑，逐步演变成外挑距离小于里跳。昂的外挑距离的缩短，直接减轻了里挑的负担，从而作为室内压挑的构件也变得简单，昂的长度也因此缩短。这个变化也带来另外的问题：即梁架必须承担更多的屋面荷载，之前相当一部分屋面荷载实际上是由外挑的屋檐通过斗拱中的下昂这一杠杆系统去平衡的。由于斗拱下昂的变化而带来了梁架体系的相应变化。亦即，斗拱的结构作用在逐步减弱，而梁架的结构作用在增强。

3. 组合梁结构的应用

中国古代建筑一直以来并没有建立一套科学的建筑结构理论体系，但从建筑技

术发展的角度来看，总的发展趋势是曲折前进的，人们在不断的实践经验基础上，总结出一套相对科学的建构方法。上文讲到，至唐代时期，中国木构建筑的发展已经相当成熟，这个时期的南禅寺大殿与佛光寺大殿是中国唐代建筑遗存的精华。南禅寺大殿作为中国现存最早的唐代木构建筑，其规模不大，面阔进深均为三间，平面近方形，除四周12根柱子外，室内空无一柱，构架也简洁合理。用现代建筑结构设计的眼光来看，南禅寺大殿的屋架构件形成了近似"组合梁"的结构，具备相当的科学合理性，这也是能够成就南禅寺能矗立千余年而不倒的原因之一。而相离不远的佛光寺大殿则是中国现存规模最大的唐代木构建筑，面阔七间，进深四间，平面呈矩形，其构架虽复杂但却也科学。大殿构架对称，内部减一排四柱来扩大空间。梁架中部与南禅寺大殿类似，而两侧通过昂与草乳栿的组合以及层叠枋木的穿插，形成组合结构，并将内外结构联系为一个有机整体。佛光寺大殿的构架体系科学合理，构件功能明确，荷载传递路径也比较简单。通过上述两殿的构架的简单分析可以看出唐代木构建筑技术水平与成就。

五代-宋-元时期的江南佛教建筑营造继承了唐代以来建构方法，如五代时期的华林寺大殿。华林寺大殿与佛光寺大殿相比，建成时间晚了近百年，地理位置上也是一南一北，相距1500多公里。但两座大殿在建筑风格与技术上的差别却没有时空差距大，华林寺大殿硕大的用材、深远的出檐与雄壮的斗拱等都更能让人联想到气魄雄伟的唐代建

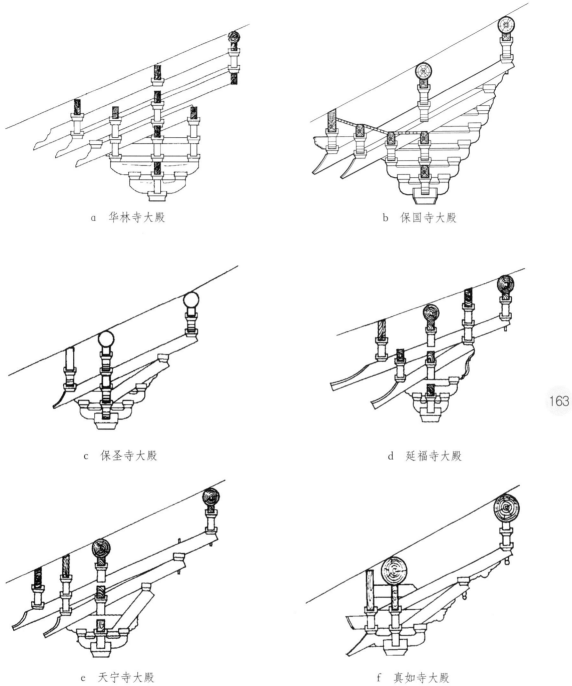

a 华林寺大殿

b 保国寺大殿

c 保圣寺大殿

d 延福寺大殿

e 天宁寺大殿

f 真如寺大殿

图12 五代-宋-元时期江南地区佛教遗存建筑补间铺作

筑，同样在构架上均是室内减柱，构件对称，伸长的昂别压在乳栿之下，枋
木穿插，形成组合结构。华林寺大殿之后建成的保国寺大殿，其构架却变为
不对称，伸长的昂尾与四椽栿组合，形成稳定的结构。同时，昂与乳栿以
及柱形成了三角形的稳定结构，使得整个大殿结构体系更加完善与稳固。

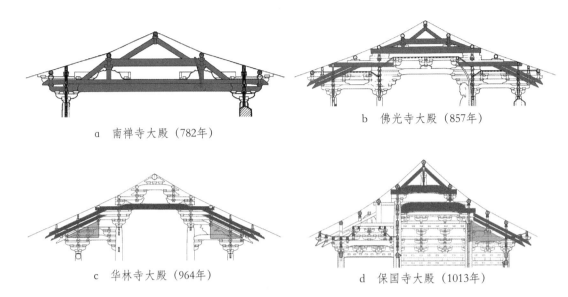

a 南禅寺大殿（782年）

b 佛光寺大殿（857年）

c 华林寺大殿（964年）

d 保国寺大殿（1013年）

图13 唐代以来江南地区佛教建筑组合梁结构示意图

164

保国寺之后建成的江南佛殿，"昂""托脚"以及"叉手"等斜向构件的消失或演变，使得整体的构架更加简洁，组合梁结构也相应减少或弱化，但整体框架的整体性却在增强（图13）。

四 结 论

自五代以来，随着以禅宗为主流宗派的佛教在江南地区的蓬勃兴盛，各地有大量的禅寺兴建，殿阁配置也日趋完善，至迟在北宋崇宁年间"丛林制度已灿然大备"[一]。同时，江南地区社会经济的繁荣以及宋、元两代统治者对佛教的开放政策，也为佛寺的建设活动提供了良好的外部条件。

考察自五代-宋-元时期（公元10世纪～14世纪）的佛教建筑遗存，佛殿的木构架体系也在不断演变，主要集中在以下三个方面：

1. 构架用材由大变小。如五代时期的华林寺大殿的用材硕大，到宋至元的佛殿用材渐小。

2. 建构方式由繁入简。斗拱作为重要的结构构件与连接构造，其结构机能逐步弱化，构造愈加简洁，柱与梁、枋之间可以通过简单形式的斗拱转承或榫卯的连接，简化了连接方式与构件形式。

3. 构架体系的变化。南方传统的穿斗的构架体系逐渐在地方佛教建筑的营造得到适应，穿斗简结的建构方式一定程度上影响了江南佛教建筑的演变。

上述几点变化直接表现为建筑形象与风格上的变化：

1. 建筑风格的变化。宋元时期的佛教建筑规模普遍较隋唐时期的佛教建筑规模缩小，隋唐的雄浑刚劲的风格也逐步变为秀丽柔和，但更加注重建筑空间的利用与组合。

2. 建筑出檐的缩短。宋元时期的江南地

区佛殿多以方三间的单檐歇山顶为主。至明清时期，使用者通常在原有佛殿基础上增设副阶，形成方三间带副阶的形式，建筑外观呈重檐歇山顶的形式。其主要目的可能有这几个方面：出于保护已有的主体结构、扩大殿堂使用空间、提高建筑形制等级等（图14）。

[一] 成书于北宋崇宁二年（1103年），由宋代僧人宗赜编集的《禅苑清规》是继《百丈清规》后又一部禅宗丛林著作，是研究宋元时期禅宗寺院制度仪轨的重要资料。

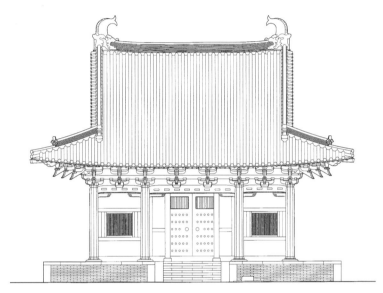

a　宋代的保国寺大殿（复原图）

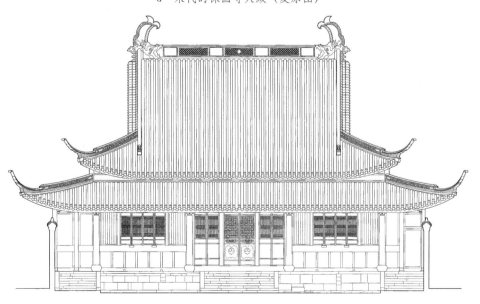

b　清代增设副阶后的保国寺大殿（现状图）

图14　保国寺大殿宋代复原图与现状图

从古代佛教建筑营造背景来讲，作为当时各地重要的公共建筑之一，佛寺的建造必定是汇集当时当地大量人力、物力、财力，其落成或改造既满足主事者的功能需求，又反映当时建筑营造的技艺水平与处理技巧。就江南地区的佛教建筑木构架的演变讲，根植于江南地区干阑与穿斗的传统构架形式，佛教建筑的木构架的发展演变也一定程度上体现了穿斗形式在殿堂建筑中的应用与适应趋势。同时，江南地区佛教建筑木构架体系的演变还涉及佛教宗义的变化，佛殿在寺院中的地位愈加重要，建筑形象也相应的变化以及社会环境与工程技术水平的演变。

通过上述的研究，进一步厘清江南木构体系变化的外在表现与内在原因，为完善中国古代建筑史尤其是木构建筑技术史的研究提供有益补充。同时，本项研究成果可应用当代木构建筑的保护、修复工程中，也为现代木构技艺的继承、发展与创新提供有益支撑。

（本文系"木构建筑文化遗产保护与利用国际研讨会"交流论文。）

参考文献

[一] 张十庆：《中国江南禅宗寺院建筑》，武汉：湖北教育出版社，2002年。

[二] 刘杰：《江南木构》，上海：上海交通大学出版社，2009年。

[三] 王天：《古代大木作静力初探》，北京：文物出版社，1992年。

[四] 郭黛姮：《中国古代建筑史：第三卷 宋、辽、金、西夏建筑》，北京：中国建筑工业出版社，2003年。

[五] 刘敦桢：《中国古代建筑史（第二版）》，北京：中国建筑工业出版社，1984年。

[六] 东南大学建筑研究所：《宁波保国寺大殿：勘测分析与基础研究》，南京：东南大学出版社，2012年。

【保国寺石质文物保护与研究】

符映红·保国寺古建筑博物馆

摘　要：保国寺2016年列入"海上丝绸之路·中国史迹"申遗点，为进一步推进海上丝绸之路相关课题的研究，对保国寺馆内存在为数不多的石质文物进行研究，通过石材文献考证、现场图像实录与取样、田野调查岩相学研究等方法，查明保国寺主要建筑单体的石材类型，为以后石材的修复提供重要的基础研究，以及保国寺监护单体所用石材与梅园石的关系进行科学解析，从而能从材料角度更好地梳理和阐释我国传统建筑、文化与周边国家质相互交流的历史。

关键词：石质文物　保护　研究

保国寺列入"海上丝绸之路·中国史迹"申遗点，为推进海上丝绸之路申遗，需针对保国寺与海上丝绸之路的价值关联开展课题研究，或协助搜集、提供相关研究成果；针对木蜂虫害、渗水、观音殿石质柱础问题，编制本体保护工程方案并实施。有学者指出保国寺观音殿柱础、经幢为梅圆石。梅圆石属于火山质型的凝灰岩质沙岩，色泽成紫色，素雅大方，石质细腻，硬度适中，广泛应用于工艺、古典建筑、石雕等，属稀有矿产资源，为宁波特有。为提供确凿的证据，及针对不同材质采取不同的保护方法，2016年，我们委托上海保文建筑工程咨询有限公司，对保国寺现存几处石质文物进行材质定性评估，查明保国寺主要建筑单体的石材类型，及石材与梅园石之间的关系。

一　研究对象及研究方法

1.研究对象

保国寺古建筑博物馆内的石质文物虽然数量不多，但时间跨度大，有唐代的经幢、宋代的佛台、明代的柱础、石像生、石栏杆、清代的碑刻、雕花柱础和民国的石柱等。由于时间紧，此次研究遴选了代表性部分石质文物，具体如下：

山门前石狮（一对）、唐经幢（一对）、北宋大殿佛台、观音殿内柱础、藏经楼前檐柱，以及《培本事实碑》和《灵山保国寺志序碑》。为确定是否为梅园石，还对宁波梅园石石源产地，作取样比对。

2. 研究方法

（1）保国寺石材文献考证

考察一座古建筑的石材来源最简易有效的方式就是查找原始的文献记载，虽然不少实际情况证明这并不是完全可靠的，因为后人可能已经进行过替换但没有作任何记录。在此，我们依然按程序对能查阅到的文献进行梳理，以便将文献阐述事实与实地调研采样进行比对。

根据鄞县志记载，宁波地区对梅园一带石材的开采历史悠久，可以追溯到西晋时期，多用作建筑构件及石刻雕塑，自唐代开始，梅园石经常作为寺庙建筑的用材。根据邹洪珊在2012年《钱江晚报》的报道，保国寺中现存的一对唐经幢就是用梅园石制作的，也是宁波现存最早的梅园石构件实物。《宁波通讯》2011版中有称保国寺的观音殿石柱是以梅园石为料雕凿而成。这一说辞在当前国内期刊论文类数据库的检索中，可以追溯到1995年发表于《建材地质》的《浙江鄞县"梅园石"简介》，后被引述于2010年《文物保护与考古科学》上发表的《宁波地区露天梅园石质文物病害机理研究》。

观音殿原称法堂，始建于南宋绍兴时期（1131～1162年），清康熙二十三年（1684年）重建，乾隆元年（1736年）附东西两栋楼房，后在乾隆五十二年（1785年）重建，奠定了今日的模样，后于民国九年（1920年）进行翻修，易名"观音殿"并供奉观音，挂"大悲阁"匾。该建筑的柱网布局极不规则，印证了其历经多次修缮和不断的扩张，所有柱子的用材均为石柱础加木构柱身。观音殿之后有现存的藏经楼，也是在民国二十年建造的，是保国寺最后一次拓展基址的产物。藏经楼一层前廊用石柱及石础，石础上做有雕刻。据此推断，"保国寺的观音殿石柱是以梅园石为料雕凿而成"存有误传，应是指"保国寺的藏经楼"。

有关北宋大殿佛台未有涉及关于石材材质的研究，但其与大殿的关系及存在年份有确切的研究推断结论。根据佛坛后束腰中部捐赠人题记"崇宁元年五月"（1102年）可知佛坛比大殿的始建年代晚了90年。并且建筑史学家根据佛坛与大殿木构的关系判断，所捐赠的佛坛应为更换，而非始建，因为后内柱立于佛坛之上，判断原来应该有佛坛。

现置于天王殿前的东西两座经幢分别原藏宁波慈城普济寺、鄞县永寿庵。东侧经幢建于开成四年（839年），由幢座、幢身、幢顶组成，八边形平面，幢座采用须弥座式，束腰部分每面做一壶门，幢顶上应有宝顶，现已缺失。西侧经幢建于大中八年（854年），比例造型不如东经幢，现字亦漫漶不清。

保国寺的重要两块碑刻现嵌于大殿前院落两侧的粉墙上，东墙上《灵山保国寺志序》碑为清嘉庆十三年（1808年），西墙上《培本事实碑》为雍正十年（1732年）。

保国寺山门前的两座石狮未查到确切来

源，应为别处挪移至此处的。

（2）保国寺现场图像实录与取样

2016年7月27-28日，对保国寺内的研究对象进行了整体和细部的照相记录。整体记录使用SONY相机α6000，细部照相使用Nikon相机D40，整体照相记录中使用Kodak色卡（彩色系列）辅助矫正色差，细部记录中配合使用最小单位为毫米的卡片尺。

此外，在照相记录过程中，还对此次的研究对象进行了初步的肉眼观察、预判以及取样，取样信息整理见表1。

表1　保国寺石材研究对象取样信息

研究对象	文献记载年代	取样编号	备注
东侧经幢	开成四年 （839年）	S—5	/
西侧经幢	大中八年 （854年）	S—1 S—2	/ 经幢身
北宋大殿佛台	崇宁元年五月 （1102年）	S—3 S—6 S—8 S—9	大殿佛台后侧 大殿佛台后侧 大殿佛台第三排前沿石 大殿后方地面
观音殿内柱础	乾隆五十二年 （1785年）	S—7	/
藏经楼前檐柱	民国九年 （1920年）	S—4	/
西碑《培本事实碑》	雍正十年 （1732年）	/	/
东碑《灵山保国寺志序》	清嘉庆十三年 （1808年）	/	/
山门前石狮	未知	/	/

3. 梅园石采石场田野调查与记录取样

2016年10月9～10日，调研、考察了宁波鄞江镇三处采石场。

第一处采石场（L1）位于鄞溪村以东，梅溪村和梅锡村中间，现有少量的梅园石开采和加工，据现场工人口述，现有外地来的石材在此加工后以"梅园石"的名义对外出售的现象。我们在该采石场图示位置进行采样，编号梅园1-1。另在田野调查中获悉当地人口中的"梅园石"特指产自宁波梅园村泛紫红色、细腻，且专门用于雕刻石材，而与之外表接近但有白色颗粒物、质地更为坚硬的石材为"小溪石"，多用于建筑的结构部分，但也被大多数人认为是广义的"梅园石"。此处取样，编号小2-1。

需要特别说明的是：根据此现场调研情况，本文定义了狭义的梅园石和广义的梅园石。狭义的梅园石指产自宁波梅锡、梅溪两地（两地相距不过2千米），石材泛紫红色、细腻，且专门用于雕刻石材。而广义的梅园石是指产自宁波鄞江镇地区的石材，"小溪石"属广义的梅园石。无论小溪石还是梅园石，都是后人以产地命名的石材分类，文后将从岩相学分析的角度将对其进行科学的阐释。

第二处采石场（L2）位于鄞溪村以北，建有攀岩公园，此处的一片空地处地面石材极像第一处采石场见到的小溪石。从地面中观察到的"火山蛋"存留，推测该地面石材应为火山凝灰岩，于此处取样，编号小2-3、小2-4。

现被宁波市鄞州区人民政府于2010年9月29日公布为鄞州区文物保护单位"天塌石古建遗址""上化山古石宕遗址"。该两处小溪石采石场有众多洞窟，为古人开采小溪石留下，推测这些层位较低的石材应是质地细腻、专用于雕刻的梅园石，于此处取样，编号梅园1-2、梅园1-3。

第三处采石场（L3）位于第二处采石场东南方向，现有正在加工生产用于雕刻的石材，并且在施工棚内可见有用机器进行粗加工雕刻的佛像雕塑。现场观察到，这里的梅园石有灰绿色和紫红色两种。于此处取样，编号梅园2-2、梅园2-3。

梅园村采石场取样信息整理见表2。

表2　梅园村采石场对象取样信息

取样编号	取样位置	备注
梅园1-1	L1	/
梅园1-2	L2	/
梅园1-3	L2	/
梅园2-2	L3	/
梅园2-3	L3	/
小2-1	L1	/
小2-3	L2	攀岩公园地面
小2-4	L2	攀岩公园地面

4.样品的岩相学与岩类学研究鉴定

（1）保国寺样品的研究鉴定

对保国寺内所采样品进行实验室照相记录、显微观察、岩相学分析。普通显微镜分析采用的是Zeiss体视显微镜；岩片切片观察使用的是Nikon 50I POL透反两用偏光显微镜，光线无特别标注均为平行光向下。

根据现场对藏经楼前石柱的观察，该石柱材质细腻，雕工精细。另据已完成的文献考证与现场调研工作，我们可以肯定并确定的是藏经楼前石柱（样品编号S-4）是以梅园石为料雕凿而成的。岩片鉴定结果为黏土化（粗面）安山质含玻屑岩屑晶屑凝灰岩。以藏经楼廊前梅园石为参照物，其余比对样品信息整理见表3。

表3　保国寺石材岩片鉴定结果

取样编号	取样位置	岩片鉴定	备注
S-1	西经幢	绢云母化硫纹质	底座
S-2	西经幢	安山质含岩屑含玻屑晶屑（沉）凝灰岩	近底部破损处
S-3	大殿佛台	安山质岩屑晶屑凝灰岩	后侧
S-4	藏经楼	黏土化（粗面）安山质含玻屑岩屑晶屑凝灰岩	廊柱西侧门洞破损处
S-5	东侧经幢	（粗面）安山质含玻屑岩屑晶屑凝灰岩	莲花座
S-6	大殿佛台	石英（粗面）安山质岩屑晶屑凝灰岩	后侧
S-7	观音殿	石英粗面岩	内柱础
S-8	大殿佛台	蚀变（粗面）安山质岩屑晶屑凝灰岩	第三排前沿石
S-9	大殿佛台	流纹质含角砾含岩屑晶屑（沉）凝灰岩	后地面

（2）梅园村采石场样品的研究鉴定

梅园村位于浙江东部鄞江镇，地质构造为中生界白垩纪下统永康群，属方岩组、小平田组，这一地区的石材为冲积扇相紫红色厚层状至块状细

一巨砾岩，偶夹火山碎屑岩，其中上部为喷发和喷溢相（碱长）流纹质凝灰岩、碱长流纹斑岩、（石英）粗面斑岩，下部为流纹质

凝灰岩、沉凝灰岩。

此次田野勘察取样的梅园村石材样品鉴定结果见表4。

表4　梅园村取样石材鉴定结果

取样编号	取样位置	岩片鉴定
梅园1-1	L1	（粗面）安山质岩屑晶屑凝灰岩
梅园1-2	L2	石英（粗面）安山质岩屑晶屑凝灰岩
梅园1-3	L2	（粗面）安山质岩屑晶屑凝灰岩
梅园2-2	L3	（粗面）安山质含玻屑岩屑晶屑凝灰岩
梅园2-3	L3	蚀变凝灰质长石岩屑砂岩
小2-1	L1	石英粗面-安山质（流纹-英安质）岩屑晶屑凝灰岩
小2-3	L2	石英（粗面）安山质岩屑晶屑（沉）凝灰岩
小2-4	L2	蚀变（粗面）安山质晶屑玻屑凝灰岩

5.容重测试

此外，此次还通过容重实验，对观音殿内石柱础（S-7）、北宋大殿佛台（S-8、

S-9）和取自上海市徐汇区疑似采用梅园石某建筑样品（X）进行了容重测试对比。容重测试结果见表5。

表5　石材样品容重测试结果

样品代号	取样位置	烘干后质量（g）	待测样品体(ml)	容重（g/cm³）
S-7	观音殿内柱础	29.2	12.1	2.42
S-8	北宋大殿佛台	336.9	140.7	2.39
S-9		208.5	88.8	2.35
X	上海市徐汇区某建筑采用的梅园石	172.7	75.0	2.30

根据实验结果，可以看出几种石材的容重相近，可以为石材类型的判断提供一定的理论依据。

二 结果及分析

宁波石雕之所以历史悠久，闻名遐迩，有两大原因众所周知：一是地产石材出众，二是历史上曾出现无数石雕方面的能工巧匠。

大隐石与小溪石、梅园石并称"宁波三石"。梅园石材质细腻，色泽美观，以浅紫灰色为主，是石雕的上好材料。小溪石以酱红色为主，在宁波的宅第桥梁上大显身手。大隐石虽也可用于宅墓坊轩的装饰雕刻，但更为出名的是"大隐石板"。

"宁波三石"历史悠久，无论小溪石还是梅园石、大隐石，都是后人以产地命名的石材分类。四明山方圆八百里，有花岗岩、石灰岩质，更多的是砂砾沉积岩和凝灰岩。唐大和七年（833年），鄞县县令王元暐为根治水患，率众在鄞江上修筑它山堰。从此，鄞江开始了大规模的石宕开采史。鄞江古称小溪，王元暐在小溪开采的筑堰之石，后世称为"小溪石"。梅园石产自鄞州区鄞江镇的梅园山、锡山一带，属火山砾凝灰岩。

1. 文献考证与现场调研结论："保国寺的观音殿石柱是以梅园石为料雕凿而成"存有误传，应是指"保国寺的藏经楼石柱"。观音殿内柱子唯一的石质部分为柱础，经岩片鉴定表明，该部分为石材为石英粗面岩，属于广义定义的梅园石范畴，因为很大可能产自梅园石地区。根据样品肉眼及显微镜薄片观察分析，判断石狮子为石灰岩（俗称青石），不属于梅园石。

2. 保国寺此次研究对象中，除观音殿柱础、石狮外，其余都属于广义上的梅园石，而东西两幢幢身、北宋大殿佛台部分、藏经楼前檐柱属于狭义的梅园石，安山质凝灰岩。另肉眼观察判断，两碑石材也属狭义的梅园石。

3. 狭义的梅园石与广义的梅园石，在岩石成分上的主要区别为，狭义的梅园石为安山质凝灰岩，其中含有玻屑、晶屑或岩屑；而广义的梅园石，当地人口中的小溪石中含有石英、角砾成分或经过蚀变，多用于建筑上，如北宋大殿佛台部分（推测为后人修补）、北宋大殿佛台地面。

4. 此次所作检验的一处来自上海徐家汇的石材样品，与保国寺西侧经幢莲花底座石材一致，说明上海地区确有石材与宁波地区所用石材，是有内在联系的。

所有取自宁波保国寺与梅园村采石场的样品信息于岩片镜下鉴定，与肉眼鉴定结果整理见表6。

表6 宁波保国寺与梅园村采石场的样品鉴定

样品编号	位置	镜下定名	俗称	备注
S—5	东侧经幢 六角形幢身	（粗面）安山质含玻屑岩屑晶屑凝灰岩	狭义梅园石	
S—1	西侧经幢 莲花底座	绢云母化流纹质晶屑凝灰岩	狭义梅园石	
S—2	西侧经幢 六角形幢身	安山质含岩屑含玻屑晶屑（沉）凝灰岩	狭义梅园石	
S—3	北宋大殿佛台后侧	安山质岩屑晶屑凝灰岩	狭义梅园石	
S—6	北宋大殿佛台后侧	石英（粗面）安山质岩屑晶屑凝灰岩	广义梅园石	
S—8	北宋大殿佛台前侧第三排	蚀变（粗面）安山质岩屑晶屑凝灰岩	广义梅园石	
S—9	北宋大殿佛台后方地面	流纹质含角砾含岩屑晶屑（沉）凝灰岩	广义梅园石	
S—7	观音殿内柱础	石英粗面岩	广义梅园石	
S—4	藏经楼前檐柱	粘土化（粗面）安山质含玻屑含岩屑晶屑凝灰岩	狭义梅园石	非常典型
/	西碑《培本事实碑》		狭义梅园石	肉眼观察，与样品S—2非常近似
/	东碑《灵山保国寺志序》		狭义梅园石	肉眼观察，与样品S—4非常近似
/	山门前石狮		肉眼判定不属于梅园石	肉眼观察，为青石
梅园1—1		（粗面）安山质岩屑晶屑凝灰岩	狭义梅园石	
梅园1—2		石英（粗面）安山质岩屑晶屑凝灰岩	广义梅园石	
梅园1—3		（粗面）安山质岩屑晶屑凝灰岩	狭义梅园石	

样品编号	位置	镜下定名	俗称	备注
梅园2—2		（粗面）安山质含玻屑岩屑晶屑凝灰岩	狭义梅园石	
梅园2—3		蚀变凝灰质长石岩屑砂岩	广义梅园石	
小2—1		石英粗面—安山质（流纹—英安质）岩屑晶屑凝灰岩	广义梅园石	
小2—3		石英（粗面）安山质岩屑晶屑（沉）凝灰岩	广义梅园石	
小2—4		蚀变（粗面）安山质晶屑玻屑凝灰岩	广义梅园石	
徐家汇		绢云母化流纹质晶屑凝灰岩	狭义梅园石	

175

三 下步研究与建议

自近年有关东大寺石狮的石材产地问题引起中日学者关注后，宁波梅园石作为中日文化交流的见证者，有关其讨论研究成为一时的显学。日本地质专家与化学家分别研究证明，东大寺石狮的石质和九州宗像神社所藏的阿弥陀经石顶部和台座的石质都非常相似于梅园石。另日本学者通过X射线分析显微镜、X射线衍射计、能量色散型X射线微分析仪等手段，分析对比了萨摩塔石材与中国宁波产梅园石的岩石组成，得出结论：萨摩塔所使用的石材应为中国宁波市分布的凝灰岩。

另据国内报道称，梅园石因其可作为优质建筑或石雕原料出售，因而在宋朝常被宁波商船作为"压舱石"运去日本、韩国一带。此外，亦有报道称在2008年宁波海上考古队发现的一搜带有西班牙银币的清代沉船遗址中亦发现有大批梅园石。除了远渡重洋，梅园石也被广泛用于宁波周边地区，用作古典石刻、石雕构件以及大型建筑中，如近代上海汇丰银行的宏大建筑，都采用产自宁波的梅园石。

就现有对梅园石的阶段研究，还无法科学细致地回答有关保国寺梅园石的许多问题，因此需要我们做进一步的研究工作。而就国内外与梅园石相关的报道，说明我们对梅园石的文化认知上，尤其是对其如何传播、如何影响邻邦的建筑、雕刻的研究工作依然还存有大量的盲点，缺少对其所承载的文化力量的研究梳理。因此，就有关梅园石的研究工作，我们预想对其进行进一步研究，研究拟解决的问题、研究方式及所需条件见表7。

表7　下步研究拟研究的问题、方法

问题	方法	条件
宁波留存至今的石桥，85%以上都是梅园石制造，古亭，60%也是梅园石的质地，这一说法是否属实？如果上述说法属实或部分属实，那么其雕刻工艺与用材习惯与保国寺的梅园石用材有何区别和联系？	实地调研 照相记录 文献考证	国内调研
除现被确认的日本萨摩塔石、东大寺石狮外，日本、韩国、新加坡等邻邦国家是否存有梅园石雕刻的建筑构架与雕塑等物质证明？	实地调研 照相记录 文献考证	国外调研
假若邻邦国家确有梅园石，其雕刻工艺、用材习惯与保国寺及我国民间的梅园石用材有何区别和联系？	整理分析 与对比总结	

在明确石材的基础上，对石质文物的病害、风化等进一步研究。现经幢、碑刻等存在不同程度的风化、长苔藓，大殿内佛台存在返潮等情况，对经幢可进行日常监测，观测病害有无进一步发展的状况。对返潮，采取脱水处理，2016年在佛台、地面局部实验，目测效果不错，可在改进施工工艺的基础上，进一步实验。

参考文献

[一] 浙江省鄞县地方志编委会：《鄞县志·自然环境》，北京：中华书局，1996年第2版，第111页。

[二] 寒石：《行走的梅园石》，《宁波通讯》2011年6月，第39页。

[三] 邹洪珊：《东海底梅园石仍在沉睡，梅园村里石材即将绝迹》，《钱江晚报》2012年6月26日，N0005版。

[四] 严寅祥：《浙江鄞县"梅园石"简介》，《建材地质》1995年第5期（总81期），第48页。

[五] 金涛：《宁波地区露天梅园石质文物病害机理研究》，《文物保护与考古科学》，2010年第2期，第48~52页。

[六] 李广志：《明州工匠援建日本东大寺论考》，《宁波大学学报（人文科学版）》，2010年第5期，第84页。

[七] 常丽华、曹林、高福红：《火成岩鉴定手册》，地质出版社，2009年。

[八] 上海保文建筑工程咨询有限公司、宁波市保国寺古建筑博物馆：《宁波保国寺石材材质定性评估研究报告》。

【略论清乾嘉重臣费淳与宁波保国寺的渊源】

曾 楠·宁波市保国寺古建筑博物馆

　　摘　要：宁波保国寺现存有一方清嘉庆版《灵山保国寺志序》碑，碑文为清代人费淳所撰。费淳历仕清朝乾隆、嘉庆两朝，是为数不多的汉人官拜体仁阁大学士者，为官廉谨公允，颇有政声。本文以该志序碑着眼，考论费淳与千年保国寺的历史渊源。

　　关键词：保国寺　费淳　志序碑

　　宁波保国寺是第一批全国重点文物保护单位，其大殿是我国长江以南现存最古老、保存最完整的北宋木构建筑遗存，距今已有一千多年。在大殿前南宋开挖的"一碧涵空"池东首壁间，树有一方《灵山保国寺志序》碑（图1），系保国寺国保单位的附属文物。碑高186厘米，阔96厘米，为宁波特有的梅园石质，上刻铭文21列，总计约718字，内容为清嘉庆版《保国寺志》的序言。碑文上记载立碑时间为"嘉庆十三年岁次戊辰春月谷旦"，即1808年。据落款"赐进士出身光禄大夫经筵讲官太子少保体仁阁大学士加三级费淳"，可知该碑铭文为费淳所撰，在碑额"灵山保国寺志序"后刻印一枚，上书"纶音：居官清正"，落款后刻印两枚，上书分别为"臣淳之印"和"大学士章"。

　　费淳历仕清朝乾隆、嘉庆两朝，是为数不多的汉人官拜体仁阁大学士者，堪称清乾嘉两朝的重臣。而据《保国寺志》自述，保国寺位于"灵山僻处海偶，古寺名人罕至"，如此声名显赫的当朝重臣何以知晓偏居江南一隅的保国寺并为之寺志作序，值得探究。

一　费淳其人

　　费淳，字筠浦，浙江钱塘人（今杭州）。幼时随祖父三衢教授费士桂来衢州，就读于三衢学舍，定居西安县城（今衢州柯城区，现留存一幢当地人称"宰相府"的寓所故居，所在弄堂以之命名为费家巷）。清乾隆癸未

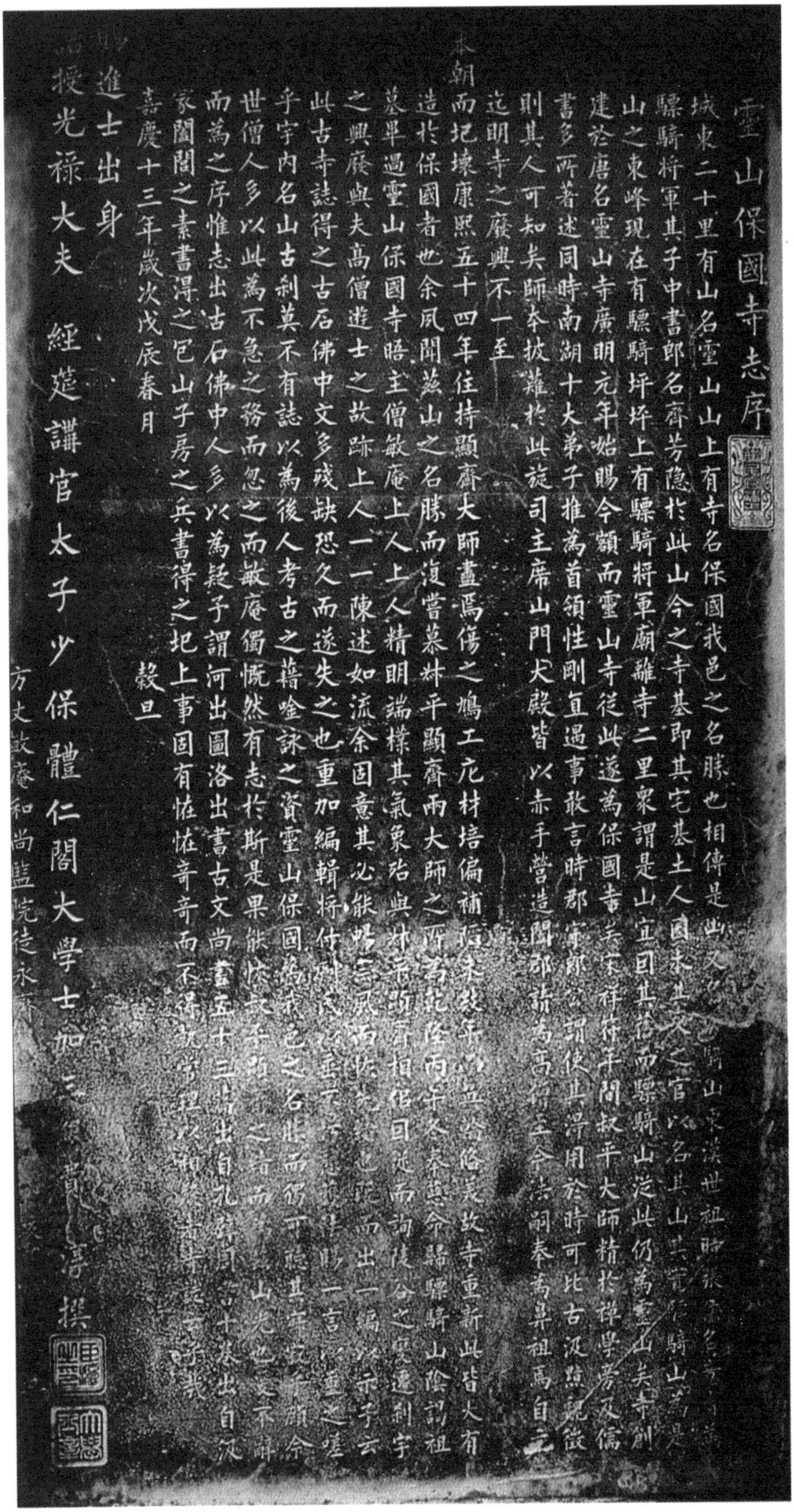

靈山保國寺志序

城東二十里有山名靈山山上有寺名保國我邑之名勝也相傳是山文
驃騎將軍其子中書郎名齊芳隱於此山今之寺基即其宅基土人因
山之東峰現在有驃騎坪坪上有驃騎將軍廟離寺二里眾謂是山宜
建於唐名靈山寺廣明元年始賜今額而靈山寺從此遂為保國寺
書多所著述同時南湖十大弟子推為首領性剛直遇事敢言時郡守
則其人可知矣師本披薙於此旋司主席山門犬殿皆以赤手營造闢部

朝而圮壞康熙五十四年住持顯齋大師盡為傷之鳩工庀材培補
造於保國者也余鳳開蕅山之名勝而復嘗慕竹平顯齋兩大師之
基卑過靈山保國寺晤主僧敏庵上人上人精明端樣其氣象站與邦
之興廢與夫高僧遊士之故跡上人一一陳述如流余固意其必能略言
此古寺誌得之古石佛中文多殘缺恐久而遂失之也重加編輯什仟
宇內名山古剎莫不有誌以為後人考古之資嘗詠之靈山保國為我邑之名
乎平惟志出古文尚書五十三篇出自孔壁而一言
家閣閣之素書淳之已山子房之兵書得之圯上事固有怪竒而不保

進士出身
誥授光祿大夫　經筵講官太子少保體仁閣大學士加三級　　亭撰
方丈故海和尚監院徒永藏
嘉慶十三年歲次戊辰春月　穀旦

图1　清嘉庆十三年《灵山保国寺志序》碑拓片

二十八年（1763年）进士，任刑部主事，升郎中，入直军机章京。乾隆年间出为常州知府，因父忧去职，乾隆四十六年（1781年）任山西按察使，乾隆四十七年（1782年）迁云南布政司，乾隆四十九年（1784年）以母老乞养回乡，乾隆五十五年（1790年）原任补授云南布政司缺，乾隆五十九年（1794年）兼属云南巡抚，乾隆六十年（1795年）迁安徽巡抚但未到任，同年任江苏巡抚，嘉庆二年（1797年）迁福建巡抚，嘉庆四年（1799年）迁两江总督，嘉庆八年（1803年）兼授兵部尚书，嘉庆九年（1804年）改授吏部尚书，嘉庆十年（1805年）授协办大学士，嘉庆十二年（1807年）拜体仁阁大学士，嘉庆十四年（1809年）因失职受诏责降职，次年复工部尚书职，嘉庆十六年（1811年）卒，复大学士荣衔，谥文恪。

费淳历仕乾隆、嘉庆两朝，居官勤政恤民，在治河疏浚、整饬漕政、肃贪惩腐等方面多有政声，尤其为嘉庆皇帝所信任倚重。嘉庆刚刚继位即抄斩和珅，要求各省督抚大员覆奏议罪，在回奏中他称赞费淳等人是为数不多的几个"督抚中声明优者"，并批道"朕所素知"，嘉庆对费淳的信任可见一斑，此后嘉庆多次褒奖费淳，表示"居官公正，朕所深信"。嘉庆一朝，费淳被委以重任，仅历十年便从苏闽巡抚升任两江总督再到兵部、吏部、工部尚书等要职，直至拜体仁阁大学士，成为嘉庆当政初期重要的一位中枢大臣。无怪乎《清史稿》卷三四三《费淳传》记载道："淳历官廉谨，为（嘉庆）帝所重"。这些都证实了《灵山保国寺志序》碑上的"纶音：居官清正"一语。

二 费淳祖籍溯源

现比较公认费淳籍贯为钱塘，缘自《清史稿》中的《费淳传》，然而其祖籍并非在杭。查阅宁波天一阁博物馆收藏的《浙江慈溪慈东费氏宗谱》，其中有一篇费淳在山西从仕时，为慈溪费氏第二十一世西兴行雄彪公六旬寿诞所作的序赋，其中写道："淳祖籍慈溪，曾王父始迁武林，及大父成进士，司铎衢府，解组遂家于衢，而淳仍系杭籍……"费淳不仅自认祖籍为慈溪，而且详细录述了本房一支迁徙的过程。费淳的曾王父（即曾祖父）最先迁移到杭州，随后因为大父（即祖父）掌管衢州的文教而举家落户到衢州，这里大父就是前文提到的三衢教授费士桂。

虽然费淳一支从慈溪迁出，但与祖籍的关系仍比较密切。序赋中记叙道："族谊厚且世好……翁祖母盛太君七十吾祖作序，今淳复为翁序，亦以见累世气谊不衰。"费淳解释了其中缘由："虽家经再迁而离祖籍者仅四世尔，故大父功名起自宁庠，又近在同省，宗族音问常通。"一是该派分支离开祖籍的时间不算很长，传承仅有四代；二是祖父幼时在慈溪乡学学习，学有所成之后从仕也在浙江，未远离故土，与慈溪祖籍宗族的书信往来较为经常。费淳虽未在慈溪生活居住，但曾多次来慈祭祖小住。"壬午癸未淳叨荷……承祖父命，两番归家祭祖。"乾隆壬午年（1762年）、癸未年（1763年），也就是在高中进士的前后，费淳两次回乡祭祖，期间与宗族兄弟相处十分融洽。

保国寺始建于唐，古代属地慈溪，在慈溪县治东二十里，声名在当地不凡，为"邑之名胜也"。如此，费淳与保国寺的距离已经从千里之遥拉近到二十里，知晓应无大碍，但这仍不足以令身居高位的费淳为保国寺赠序留名。

三　慈溪费氏与保国寺

慈溪费氏一族自唐代天宝年间由姑苏杨柳巷迁至慈溪灵阳乡（今宁波江北庄桥、费市、应家一带），历代名人辈出，逐渐成为慈东的名门望族，修谱建祠的传统习俗自然不会冷落。

费氏宗谱中一篇《费氏重修峰山祠堂碑记》记载道："文溪南山深谷中有定林寺，考诸邑里图经，其初则隐君费日章（据称为

五代时富甲乡方的隐士），号峰山者，爱兹山，遂雅筑精舍读书……辟为峰山道院，没而葬此山。"另一篇《费氏戍里阳新祠堂记》也记载道："峰山府君性闲静，爱汶溪山水之胜，尝于其地建峰山道院，即今定林寺，殁葬于是山而设主于寺之东庑，子孙岁修其祀。"这便是慈溪费氏宗祠的来历。对照清光绪版《慈溪县志》中有关定林寺的录述："县东一十五里，旧名峰山院，宋天圣五年（1027年）改赐定林院额。明正德十年毁。嘉靖十二年峰山裔费铠等重修。旁立费氏祠。天启三年大殿毁，费祠存。国朝乾隆五十一年费姬等重建大殿并修费祠，咸丰五年费文杰等集资重建祠宇，今废。"由此可以确定，慈溪费氏宗祠建在汶溪南山深谷中定林寺的东侧，从五代起一直沿用至清朝末年。

汶溪，相传为春秋时越国大夫文种的故里，地处鄞县、慈溪、余姚、镇海的交通要道，而定林寺所在的汶溪南山正是保国寺所在的骠骑山一脉，清光绪《保国寺志》开篇的山水形胜图（图2）清晰地揭示了保国寺与定林寺的区位关系，这也意味着慈溪费氏宗祠与保国寺仅一山之隔，近在咫尺。费淳在《灵山保国寺志序》中写道："乾隆丙午冬（1786年），从京师归骠骑山阴谒祖墓毕，过灵山保国寺。"骠骑山阴即骠骑山之北，与保国寺山水形势图印证无误。由于宗祠毗邻的缘故，费氏一族与保国寺的交往成为寻常事，宗族中人或出家保国寺，或葬保国寺山，"保国寺"三字多次见诸费氏宗谱。而为保国寺题写山门"东来第一山"额及"一碧涵空"额的，也正是《费氏重修峰山祠堂

图2　清嘉庆版《保国寺志》山水形胜图

碑记》的作者、费家的门婿、明代御史——颜鲸。

　　此外，《光绪慈溪县志》中记载了费淳所作的《世恩堂诗》一首：
"院落萧疏垂柳旁，当年大理读书堂。窗前黛色灵山近，门外清溪孝水
长。先德敢将夸阀阅，旧居今已阅星霜。嗟予未遂归田愿，欲倩丹青写故
乡。""大理"指的是慈东费氏十三世祖、明代弘治年间大理寺右寺丞费
铠，"灵山"即保国寺所处之灵山，显然费铠曾经读书的世恩堂也近在保
国寺山前。费淳在诗中表达出对费铠等先辈的仰慕之情，也抒发了自己思
念故乡、渴望归隐于此的遁世之意。

　　可以想见，费淳归乡赴定林寺宗祠祭祖，必定会过往邻山的保国

寺，在一睹故乡名胜的同时寻访费氏先人的遗迹遗风，既有寄情山水、借景咏怀的士人精神，也抱着寻古瞻亲、缅怀先贤的家族情怀。保国寺之于费淳，也不再只是简单的"邑之名胜"，而是颇具家族渊源的亲情之地。

因此，费淳在乾隆丙午年拜谒祖墓后拜访保国寺时，听到其时寺主敏庵上人陈述保国寺"陵谷之变迁，刹宇之兴废，与夫高僧游士之故迹"，又得知古石佛中存有古寺志一编，欣然接受了敏庵上人"赐一言以重之（古寺志）"的恳请，认为通过古寺志的付梓刊印，成为"后人考古之籍、吟咏之资"，由此使得保国寺闻名于后世，不再"听其寂寂"。在志序文末，费淳列举了河图洛书、古文尚书、周书十卷、阖闾之素书、子房之兵书等古书出处奇异之事，认为"事固有怪怪奇奇，而不得执常理以相疑

者"，劝解世人不必过多地对保国寺寺志出之古石佛提出质疑，充分显示了他对保国寺的偏爱之心，与前文所述的亲情之地、遁世之选不能不说存在一定的因果关系。

四 小 结

保国寺因其北宋大殿所具有的重要学术价值，受到国内学界特别是建筑史学研究领域专家学者的高度重视，但以往的研究基本针对北宋大殿等不可移动文物，主要围绕保国寺的建筑文化及其保护利用展开，对于保国寺的历史人文则相对研究重视不够，导致与所处的地域文化存在脱节，无法有效整合相关遗产资源。通过本文对志序碑的探析，不难发现屹立千年的保国寺，既经受住千年的风雨沧桑，也积淀下丰富的人文内涵，值得深入研究，促进文化遗产活化利用的效益最大化。

参考文献：

[一] [清] 费锦荣纂修：《浙江慈溪慈东费氏三修宗谱·三十二卷》。

[二] [清] 释敏庵编：《保国寺志》。

[三] [清] 杨泰亨、马可镛纂：《光绪慈溪县志》，上海书店出版社，1993 年。

[四] 赵尔巽等《清史稿》，中华书局，1976 年。

[五] 钱实甫：《清代职官年表》，中华书局，1980 年。

【保国寺藏《姚希崇夫妇合葬墓志》考释】

翁依众 陈 吉·保国寺古建筑博物馆

摘 要：《姚希崇夫妇合葬墓志》为近年所征集，现藏保国寺。对于此碑之前未曾开展相关研究。笔者查证史料后，认为该墓志实为姚氏合葬墓墓表，其文中所述内容可补史料之缺，加之是乡贤董澜少有的长篇楷书作品，因此，该碑具体较高的文物价值。

关键词：姚氏 墓志 董澜 考释

《姚希崇夫妇合葬墓志》全称《皇清敕授修职郎晋封奉直大夫榛山姚公暨元配严宜人合葬墓志铭》。该碑为保国寺近年所征集而来的碑刻文物之一，现置于山门内厕所东侧。碑文虽曾刊于《甬城现存历代碑碣志》，但按该书体例，编者并未对此碑进行考释解读。笔者细审此碑，发现此碑所含信息量较大，并具有较高的文物价值，为此略作考证（图1）。

一 该碑的出处

碑中称墓主姓姚，"世居慈东之湖门堰"。据查光绪《慈溪县志》：

图1 姚希崇夫妇合葬墓志

"黄梅堰，县东三十里，庄桥北，今废，姚氏谱旧称湖门堰，按黄梅与湖门音近其即声之转欤"[一]据此所述，今庄桥北仍存有黄梅堰桥，而其东有后姚村，墓主应就是此村人。而所葬地点，据碑中记载为"镇邑之钟家堰南"。据《宁波市镇海区地名志》记载："沈家堰，位于骆驼西南4.2公里，……沈家堰原名钟家堰，西界慈河，清光绪九年（1883年）里人集资改建，堰东移半里许，并易泥为石，改名沈家堰。"[二]该位置现在成为工业区，有长骆路经过。此处虽属镇海地界，但离后姚村并不远。

宁波地区历来不惜花重金为自己或为去逝的亲人建造墓地，形成了丰富的墓葬文化。与墓葬相关的石刻也具有较高的艺术、文献价值。墓志是指放在墓里的石刻。通常由上下二层组成，上称"盖"，下称"底"，"底"刻着死着生平事迹，其内容通常由"志""铭"和两部分组成，故亦称"墓志铭"。墓志通常以正方形为多，早期墓志及宋、明墓志也有矩形的，但都高大于宽。墓表是放在墓外的石刻。按清代的宁波地区墓葬体例，其墓碑多为横式，即宽大于高数倍的横式碑材，而墓表常置于墓碑上方，与墓碑等宽。当然，墓表也有置于墓碑两侧。此碑高47厘米，宽210厘米，由整块青石所制，碑面平整，除个别文字外，保存较为完整。此碑起首虽刻有"墓志铭"三字，其文体也可分为"志"和"铭"两部分。但据此碑尺寸，笔者认为，此碑原应是属于放在墓外的墓碑之上，称其墓表更为帖切。而之所以墓志铭刻于墓表之上，这正表明了清代时期，墓志铭放在墓内、墓表放在墓外的传统墓葬规则已经发生混用现象。

二 此碑具有重要的文献价值

全碑以楷书写就，刻文42列，满列16字（图2）。落款为："赐进士出生、诰授朝议大夫、知江西临江府知府事山阴朱渌拜撰。赐进士出身、诰授文林郎、知江西余干县知县事姻教弟董澜顿首拜书"。 山阴，即今绍兴。朱渌，为嘉庆四年已未科（1749年）进士第二甲第49名[三]。字清如，号意园，改庶吉士，散馆授户部主事，升员外郎，曾任顺天乡试同考官，官至江西临江府知府。

图2 姚希崇夫妇合葬墓志拓片

今存《剡游草》一卷，又名《兰雪斋诗集》[四]。另著有《滋山堂诗文集》，此文应收录在此《文集》中，但可惜此书已不存，而此碑却完好的把此文保存下来。

而书丹的董澜是原鄞州区十三洞桥人，嘉庆己巳（1809年）科进士，字文涛，号小樵，题授江西余干县知县。恪守官箴，勤于理治，有廉明声。丁内艰。服阕后，补授直隶河间府宁津县知县[五]。民国时期，鄞县文献委员会对当时鄞县所属地区碑刻进行了调查并传拓，该批拓片今存天一阁博物馆，据出版的《天一阁碑帖目录汇编》，也没有找到董澜所书写的碑刻记载，在民间偶有发现董澜所书榜书、为人所题墓碑，近年，天一阁博物馆还特意收藏了一件董澜所题墓碑。此碑全文近七百字，为罕见的董澜长篇楷书碑刻。

此碑墓主是姚希崇，其祖父姚德陞，父亲姚进忠，其有三个弟弟，分别叫姚希高、姚希庆、姚希濂，其生有五个儿子，分别叫姚秉纯、姚秉良、姚秉乾、姚秉泰、姚秉直。虽然墓主不曾有一半官职，但文中特别提到了其弟弟希庆、希濂，儿子秉纯、秉良和孙子声槐的官职。这也正是此文所想表述的墓主一生功绩所在。

查光绪《慈溪县志》，有官职的五人中，仅两人有记载。分别是"姚希庆，云南候补州同历，署姚州州判，彝良州州同，罗次县知县，升直隶祁州知州，转深州直隶州知州。"[六] "姚声槐，广东龙川县通衢司巡检。"[七]而该碑又提到墓主四弟姚希濂曾任训导一职。其长子姚秉纯任高阳县知县，其次子姚秉良任职于清江县捕厅，其三子姚秉乾为国学生。这都填补了方志的空缺。

综上所述，该碑从文献史料价值角度来衡量，具有重要的文物价值。

三 此碑的延伸研究

该碑中提到的姚希濂因所任官职较小，未见其他史书记载。而姚秉良和姚秉纯都能找到相关记载。在嘉庆九年十二月二十三日总裁大学士庆桂等人的奏折中提到，为编辑《高宗纯皇帝实录》，姚秉良、姚秉纯等十七人，在馆六年，现在书已成稿，请示是否可以将这些人员分发各省[八]。在同治年间的《星子县志》"典史"一节中有载"嘉庆……姚秉良，浙江慈溪供事，十四年任。"[九]星子县为江西省九江市所辖。而碑中所述姚

[一] 光绪《慈溪县志》卷十，第46页。

[二] 宁波市镇海地区地名志编纂委员会：《宁波市镇海区地名志》，西安地图出版社，2010年，第124页。

[三] 江庆柏编《清朝进士题名录》，中华书局，第680页。

[四] 孙克强、杨传庆、裴喆编著《清人词话》，南开大学出版社，2012年第1087页。

[五] 徐兆晃《四明谈助》，宁波出版社，2003年，第1115页。

[六] 光绪《慈溪县志》卷二十二，第2页。

[七] 光绪《慈溪县志》卷二十二，第12页。

[八] 翁连溪编《清内府刻书档案史料汇编》，广陵书社，2007年，第440页。

[九]《星子县志》同治版校点本，《星子文史资料》第六辑，第246页。

秉良任职于江西省清江县捕厅，此碑成于嘉庆己卯年，即嘉庆二十四年（1819年），晚于《星子县志》所载十年。可见，姚秉良，是先在星子县任差，而后调任到清江县，即今天的樟树市任职。

墓主姚希崇的孙子姚声槐，在方志中写到其任广东龙川县通衢司巡检。其事迹在《霍山志》中有所提到，清道光四年（1824年）五月，"茶亭倾圮，……劝邑人士醵金修葺，遂命槐经理焉。"[一]此后在他为续修《霍山志》写的序中，可以看到，他曾参予此书的编辑工作。这些都可补宁波地方志之缺。

墓主父亲姚进忠碑中并非写其所任官职，只有"诰授奉直大夫"，此为虚衔即从五品衔。此是因为墓主三弟姚希庆曾任祁州知州，后升任直隶州知州。按清代官制，属正五品衔。按清代封赠祖宗之制，因此其父亲也可有五品衔。

墓志铭中所述，姚希崇却是"敕授修职郎、晋封奉直大夫"，均为虚衔。其中修职郎属正八品，此为其身前所得。奉直大夫为从五品，为"晋封"，即死后所封赠。按其直系子孙所得官职，姚希崇五位儿子中，其长子姚秉纯任高阳县知县，此为正七品，其次子姚秉良和其孙姚声槐任捕厅、巡检一职，仅有从九品。因此，其并不能晋封五品衔。而之所以可以享受五品之衔，这显然是不符合清代的官制的。但笔者认为，这又恰恰是此碑文一直在提到的，墓主为了兄弟、儿子能考取功名，而甘愿承担起家庭的重任。因此，在其死后，因其三弟姚希庆得五品衔，墓主也得了一个五品的奉直大夫衔，其夫人严氏也封了一个五品夫人的宜人称号。

综上所述，此碑是一块原庄桥姚氏的墓志，碑材体量较大，且为名人所撰文、书写，碑中所述内容又可补地方志之缺，因此，该碑具有较高的文物价值。

[一] 曾锦初，胡建雄辑补《霍山志》，雅园出版社，1998年，第2页。

186

【征稿启事】

为了促进东方建筑文化和古建筑博物馆探索与研究，由宁波市文化广电新闻出版局主管，保国寺古建筑博物馆主办，清华大学建筑学院为学术后援，文物出版社出版的《东方建筑遗产》丛书正式启动。

本丛书以东方建筑文化和古建筑博物馆研究为宗旨，依托全国重点文物保护单位保国寺，立足地域，兼顾浙东乃至东方古建筑文化，以多元、比较、跨文化的视角，探究东方建筑遗产精粹。其中涉及建筑文化、建筑哲学、建筑美学、建筑伦理学、古建筑营造法式与技术；建筑遗产保护利用的理论与实践；东方建筑对外交流与传播，同时兼顾古建筑专题博物馆的建设与发展等。

本丛书每年出版一卷，每卷约 20 万字。每卷拟设以下栏目：遗产论坛，建筑文化，保国寺研究，建筑美学，佛教建筑，历史村镇，中外建筑，奇构巧筑。

现面向全国征稿：

1. 稿件要求观点明确，论证科学严谨、条理清晰，论据可靠、数字准确并应为能公开发表的数据。文章行文力求鲜明简练，篇幅以 6000—8000 字为宜。如配有与稿件内容密切相关的图片资料尤佳，但图片应符合出版精度需要。引用文献资料需在文中标明，相关资料务求翔实可靠引文准确无误，注释一律采用连续编号的文尾注，项目完备、准确。

2. 来稿应包含题目、作者（姓名、所在单位、职务、邮编、联系电话)、摘要、正文、注释等内容。

3. 主办者有权压缩或删改拟用稿件，作者如不同意请在来稿时注明。如该稿件已在别处发表或投稿，也请注明。稿件一经录用，稿酬从优，出版后即付稿费。稿件寄出 3 个月内未见回音，作者可自作处理。稿件不退还，敬请作者自留底稿。

4. 稿件正文（题目、注释例外）请以小四号宋体字 A4 纸打印，并请附带光盘。来稿请寄：宁波江北区洪塘街道保国寺古建筑博物馆，邮政编码：315033。也可发电子邮件：baoguosi1013@163.com。请在信封上或电邮中注明"投稿"字样。

5. 来稿请附详细的作者信息，如工作单位、职称、电话、电子信箱、通讯地址及邮政编码等，以便及时取得联系。